高等职业教育"十三五"规划教材

AutoCAD 2014 实训指导

李鹏宇　主　编

张建国　副主编

王天一　主　审

中国铁道出版社有限公司

CHINA RAILWAY PUBLISHING HOUSE CO., LTD.

内 容 简 介

本书是配合《AutoCAD 2014 实用教程》(张亦秋主编,中国铁道出版社有限公司出版)而编写的用于上机实践练习的指导书,以中文版 AutoCAD 2014 为基础,结合交通土建类专业绘图的特点,使读者掌握二维平面图形绘制和三维立体图形绘制的方法和技巧。本书特别注重讲练结合和应用能力的培养,全书实例均选自各种标准图和施工图样,实用性很强。

本书适合作为各类职业院校交通土建类专业 CAD 课程的配套教材,也可作为相关工程技术人员的自学参考书。

图书在版编目(CIP)数据

AutoCAD 2014 实训指导/李鹏宇主编. —北京:中国铁道出版社有限公司,2020.1
高等职业教育"十三五"规划教材
ISBN 978-7-113-26556-4

Ⅰ.①A… Ⅱ.①李… Ⅲ.①AutoCAD 软件-高等职业教育-教材
Ⅳ.①TP391.72

中国版本图书馆 CIP 数据核字(2019)第 297606 号

书　　名:AutoCAD 2014 实训指导
作　　者:李鹏宇

策　　划:祁　云		编辑部电话:010-63589185 转 2062
责任编辑:祁　云　包　宁		
封面设计:刘　颖		
责任校对:张玉华		
责任印制:郭向伟		

出版发行:中国铁道出版社有限公司(100054,北京市西城区右安门西街 8 号)
网　　址:http://www.tdpress.com/51eds/
印　　刷:三河市航远印刷有限公司
版　　次:2020 年 1 月第 1 版　2020 年 1 月第 1 次印刷
开　　本:850 mm×1 168 mm　1/16　印张:9　字数:218 千
印　　数:1～3 000 册
书　　号:ISBN 978-7-113-26556-4
定　　价:28.00 元

PREFACE

前 言

　　本书是《AutoCAD 2014实用教程》（张亦秋主编，中国铁道出版社有限公司出版）的配套教学用书。本书根据土建类高职高专人才的工作现状及职业能力的需要，强调技能培养，注重课堂理论的消化吸收，掌握二维平面图形绘制和三维立体图形绘制的技巧，突出学生动手能力的培养，充分体现高职高专教育的实践性原则。

　　本书在实例的选取上尽量避免重复，以最少的内容达到最好的教学效果，不同的读者可以各取所需，找到适合自己的答案；本书语言通俗易懂，图文并茂，并且图文注解详细，易于理解和掌握，使读者学习起来更加轻松，不再枯燥乏味。本书采用"基础知识+操作实践+典型实例"的教学模式，先介绍命令的用途和参数设置，再针对所讲的知识点设计相应的典型实例，每个实例都穿插了大量的绘图技巧提示和技术要点，使读者能够尽快独立完成各种图纸的绘制。

　　本书由哈尔滨铁道职业技术学院李鹏宇任主编，黑龙江省农业科学院玉米研究所张建国任副主编，王绍伟参与编写。其中，实训一～实训五由王绍伟编写，实训六～实训十二由张建国编写，实训十三～实训二十由李鹏宇编写。全书由王天一主审。本书的编写得到了宋岐老师的指导和帮助，在此表示感谢。

　　鉴于编者水平有限，书中难免会有疏漏和不足之处，恳请同行和广大读者批评指正。

编 者

2019年9月

目 录

CONTENTS

实训一 ‖ AutoCAD 2014 概述

一、实训目的和要求

- 熟悉 AutoCAD 2014 用户界面及命令输入方式；
- 正确进行 AutoCAD 2014 文件操作；
- 熟练掌握应用坐标绘制图形的方法。

二、实训内容

绘制图 1–1 所示的训练图。

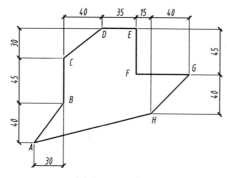

图 1-1　训练图

三、相关命令

本实训主要用到的 AutoCAD 2014 命令：新建（New）快捷键【Ctrl+N】、打开（Open）快捷键【Ctrl+O】、保存（Save）快捷键【Ctrl+S】、另存为（Save as）快捷键【Ctrl+Shift+N】、退出（Exit）快捷键【Ctrl+Q】、直线（Line）简易命令[L]。

四、上机过程

1. 启动 AutoCAD 2014

在默认情况下，安装完 AutoCAD 2014 后在桌面上将出现其快捷图标，如图 1-2 所示。双击该快捷图标即可启动 AutoCAD 2014；也可以选择"开始"→"所有程序"→Autodesk→AutoCAD 2014 命令启动该软件；还可以通过打开已存在的 CAD 文件启动该软件。

图 1-2　AutoCAD 2014 快捷图标

　　由于每台计算机的安装路径不同，因此用户需要稍微调整一下前面的操作步骤。如果 AutoCAD 不是用户自己安装的并且不熟悉计算机的文件夹，则应当首先向熟悉该系统的人员咨询。

2．新建图形文件

　　启动 AutoCAD 2014 后，选择 ▲→"文件"→"新建"命令，弹出"选择样板"对话框，如果关闭此对话框，系统自动新建一个名为 Drawing1.dwg 的图形，文件名显示在窗口的标题栏上，这时即可开始画图。

3．绘图区

　　屏幕中间的主要空白区域，又称制图框，是用户绘图的工作区域，可以将这个区域当作一张无限大的绘图纸。

　　在绘图区的底部可见一个"模型"按钮，表示当前绘图在模型空间中进行。

4．绘制图形

　　AutoCAD 2014 中通过坐标方式绘制图形，状态栏中的 ⊡ 动态输入按钮可以转换软件中默认坐标的形式。当该按钮为开启状态（淡蓝色）时，输入坐标为相对坐标；当该按钮为关闭状态（灰色）时，输入坐标为绝对坐标。

　　（1）绝对坐标

　　① 笛卡儿坐标，坐标(x, y)，x 坐标表示水平方向的位置，y 坐标表示垂直方向的位置。二维图中任意点的坐标均可用(x, y)形式定位。

　　② 极坐标：距离<角度$(R < \alpha)$，R 为某点离原点的距离，α 为该点与原点连线在 xy 平面中的角度。

　　（2）相对坐标

　　① 相对笛卡儿坐标，坐标@x, y，表示相对前一点的坐标增量。

　　② 相对极坐标：距离<角度@$R < \alpha$，R 为某点离前一点的距离，α 为该点与前一点连线所成角度。

　　在 AutoCAD 2014 中，默认坐标方式为相对坐标。

　　利用相对坐标绘制图形。绘制图 1-1 所示图形时，下面的操作是按照输入点 A、B、C、D、E、F、G、H 的坐标次序绘制的。

```
命令：_line 指定第一点：0, 0（按【Enter】键）     //输入点 A 绝对坐标值或在绘图区任意拾取
一点
指定下一点或 [放弃(U)]：@30, 40（按【Enter】键）          //输入点 B 相对点 A 的相对坐标
指定下一点或 [放弃(U)]：@0, 45（按【Enter】键）           //输入点 C 相对点 B 的相对坐标
指定下一点或 [闭合(C)/放弃(U)]：@40, 30（按【Enter】键）    //输入点 D 相对点 C 的相对坐标
指定下一点或 [闭合(C)/放弃(U)]：@35, 0（按【Enter】键）     //输入点 E 相对点 D 的相对坐标
指定下一点或 [放弃(U)]：@0, -45（按【Enter】键）          //输入点 F 相对点 E 的相对坐标
指定下一点或 [放弃(U)]：@55, 0（按【Enter】键）           //输入点 G 相对点 F 的相对坐标
指定下一点或 [放弃(U)]：@-40, -40（按【Enter】键）        //输入点 H 相对点 G 的相对坐标
指定下一点或 [闭合(C)/放弃(U)]：c（按【Enter】键）         //使图形闭合，同时结束该命令
```

5．保存图形

　　单击快速访问工具栏中的"保存"按钮 ▣，或者选择 ▲→"文件"→"保存"命令，弹出图 1-3 所示的"图形另存为"对话框。

对话框左侧几个图标按钮用来提示图形存放的位置，可以通过单击某一图标来选择文件将要保存的位置，或者对这些图标不进行任何操作，在"保存于"下拉列表框中选择保存的位置，如选择本地磁盘（D:），用户如想将所绘制图形保存在自己建立的新文件夹中，单击"图形另存为"对话框中的"创建新文件夹"按钮，在 D 盘所包含的文件夹中出现图 1-4 所示的新文件夹，该文件夹处于待重命名状态，此时直接输入文件夹名（如"练习"），双击该文件夹将其打开，在"文件名"下拉列表框中默认文件名为 Drawing1.dwg，将其更改为"练习 1"，如图 1-5 所示，单击"保存"按钮即可。此时用户所绘制的图形以"练习 1"为文件名保存在 D 盘"练习"文件夹中。

图 1-3　"图形另存为"对话框

图 1-4　在"图形另存为"对话框中新建文件夹

图 1-5　将文件命名为"练习 1"

对保存后的图形进行修改后，单击快速访问工具栏中的"保存"按钮，或者选择 ▲→"文件"→"保存"命令，即可保存对图形所做的修改。

6. 关闭图形

（1）关闭图形不退出 AutoCAD 2014

单击制图框的"关闭"按钮（见图 1-6），或选择"文件"→"关闭"命令，只关闭当前正在操作的图形文件，AutoCAD 2014 程序依旧保持开启状态。

图 1-6　"关闭"按钮

（2）关闭图形并退出 AutoCAD 2014

可采用下列方法之一：

- 单击标题栏右侧的程序"关闭"按钮。
- 按快捷键【Alt+F4】。
- 选择▲→"窗口"→"关闭"命令。
- 单击▲→"退出 AutoCAD"按钮。

提示：在关闭或退出图形文件时，如果文件没有保存过，将出现图 1-7 所示对话框；如果保存后对图形做过修改，则出现图 1-8 所示对话框。出现上述提示对话框后，希望保存对图形进行的修改则单击"是"按钮，对图形修改不做保存则单击"否"按钮，取消退出操作则单击"取消"按钮。如果用户打开了多个修改的图形，AutoCAD 会依次询问是否保存，这样可以避免修改后忘记保存的情况发生。

图 1-7　未保存文件退出时提示对话框

图 1-8　保存后做过修改的文件退出时提示对话框

7．打开已有图形文件

以打开上面保存的文件"练习 1"为例进行说明。

- 双击桌面上"计算机"图标，在"计算机"窗口中双击 D 盘图标，在打开的 D 盘窗口中双击"练习"文件夹，在打开的"练习"窗口中找到文件"练习 1"，双击该文件即可。
- 启动 AutoCAD 2014，单击"打开"按钮，弹出"选择文件"对话框，在"查找范围"下拉列表框中选择 D 盘中的"练习"文件夹（见图 1-9），双击其中的文件"练习 1"即可。

图 1-9　"选择文件"对话框

● 选择▲→"文件"→"打开"命令，其余步骤同上。

8．练习

绘制边长为 90 mm 的五角星，如图 1-10 所示。

图 1-10　五角星

绘制此图时如果采用坐标值的方法绘制将很难计算出每个点的绝对坐标或相对坐标，即使计算出坐标值，数值也不为整数。但是如果采用极坐标的方法绘制此图，则不需要太多的计算，由于五角星的边长是已知的，只要计算出各边的角度即可。操作步骤如下：

命令:LINE　指定第一点：A
指定下一点或 [放弃(U)]：@90<72（按【Enter】键）
指定下一点或 [放弃(U)]：@90<-72（按【Enter】键）
指定下一点或 [闭合(C)/放弃(U)]：@90<144（按【Enter】键）
指定下一点或 [闭合(C)/放弃(U)]：@90<0（按【Enter】键）
指定下一点或 [闭合(C)/放弃(U)]：c（按【Enter】键）

在绘制此图过程中，随着绘制的起始点不同，上述步骤中的数据将有所不同。

实训二 ‖ 应用正交绘制图形

一、实训目的和要求

- 熟悉 AutoCAD 2014 的启动方式；
- 熟悉 AutoCAD 2014 用户界面及命令输入方式；
- 熟练掌握应用正交绘制图形的方法。

二、实训内容

绘制图 2-1 所示的训练图。

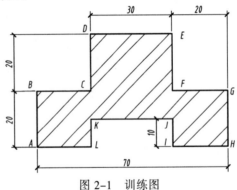

图 2-1　训练图

三、相关命令

本实训主要用到的 AutoCAD 2014 命令：新建（New）快捷键【Ctrl+N】、打开（Open）快捷键【Ctrl+O】、保存（Save）快捷键【Ctrl+S】、另存为（Save as）快捷键【Ctrl+Shift+S】、退出（Exit）快捷键【Ctrl+Q】、正交快捷键【F8】、直线（Line）简易命令[L]、擦除（Eraser）简易命令[E]。

四、上机过程

1. 启动 AutoCAD 2014

具体操作参见实训一。

2．新建图形文件

具体操作参见实训一。

3．绘制图形

在 0°、90°、180°、270° 方向所画的直线称为正交线。单击状态栏中的"正交模式"按钮，可以切换正交方式的打开和关闭，如果正交方式打开，极坐标方式就关闭（极坐标将在以后学习）。使用正交模式只能用鼠标绘制正交线，正交方式只影响直接在屏幕上拾取的点，任何在命令行输入的相对或绝对坐标都优先于正交方式。正交方式还影响编辑功能，例如启用正交模式后只能在垂直或水平方向移动对象。

绘制图形的顺序是按照点 A、B、C、D、E、F、G、H、I、J、K、L 的次序依次绘制。

命令：L
LINE 指定第一点： //在绘图区任意拾取一点作为点 A
指定下一点或 [放弃(U)]：<正交 开> 20 //采用正交方式画图（此处也可采用其他方式，由老师和同学任意选择）在点 A 的垂直方向上向上移动鼠标，输入 AB 的长度，即可得到点 B
指定下一点或 [放弃(U)]：20 //在点 B 的水平方向，鼠标向右移动，同时输入 BC 的长度值 20，即可得到点 C
指定下一点或 [闭合(C)/放弃(U)]：20 //沿垂直方向向上移动鼠标，输入外轮廓线长度
指定下一点或 [闭合(C)/放弃(U)]：30 //沿水平方向向左移动鼠标，输入外轮廓线长度
指定下一点或 [闭合(C)/放弃(U)]：20 //沿垂直方向向下移动鼠标，输入外轮廓线长度
指定下一点或 [闭合(C)/放弃(U)]：20 //沿水平方向向右移动鼠标，输入外轮廓线长度
指定下一点或 [闭合(C)/放弃(U)]：20 //沿垂直方向向下移动鼠标，输入外轮廓线长度
指定下一点或 [闭合(C)/放弃(U)]：20 //沿水平方向向左移动鼠标，输入外轮廓线长度
指定下一点或 [闭合(C)/放弃(U)]：10 //沿垂直方向向上移动鼠标，输入外轮廓线长度
指定下一点或 [闭合(C)/放弃(U)]：30 //沿水平方向向左移动鼠标，输入外轮廓线长度
指定下一点或 [闭合(C)/放弃(U)]：10 //沿垂直方向向下移动鼠标，输入外轮廓线长度
指定下一点或 [闭合(C)/放弃(U)]：C //结束该命令

4．练习

利用相对坐标、正交的方法完成图 2-2 所示图形。

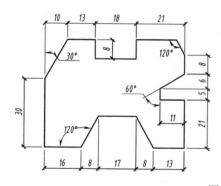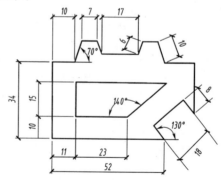

图 2-2　练习

实训三 | 图层的设置

一、实训目的和要求

- 熟练掌握图层的设置方法；
- 熟练掌握图层的应用方法。

二、实训内容

绘制图 3-1 所示的训练图。

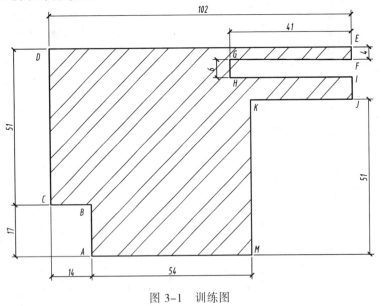

图 3-1　训练图

三、相关命令

本实训主要用到的 AutoCAD 2014 命令：新建（New）快捷键【Ctrl+N】、打开（Open）快捷键【Ctrl+O】、保存（Save）快捷键【Ctrl+S】、另存为（Save as）快捷键【Ctrl+Shift+S】、退出（Exit）快捷键【Ctrl+Q】、正交快捷键【F8】、直线（Line）简易命令[L]。主要用到状态栏中的"正交"按钮【F8】和"图层特性管理器"对话框。

四、上机过程

1. 启动 AutoCAD 2014

具体操作参见实训一。

2. 新建图形文件

具体操作参见实训一。

3. 状态栏

屏幕的最下方是状态栏（见图 3-2），状态栏的左边是 X、Y 的位置实时坐标，当来回移动鼠标时位置坐标也发生变化（如果坐标值不变，单击并再次移动鼠标）。状态栏右边的 10 个按钮在绘制图形过程中将起到非常重要的作用。其中，某个按钮处于按下状态（淡蓝色）时，表示该按钮正在应用，图 3-3 所示为应用"正交"按钮，处于未开启状态。

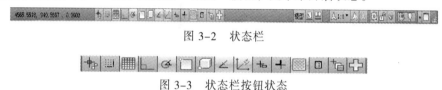

图 3-2　状态栏

图 3-3　状态栏按钮状态

4. 绘制图形

首先设置图层，该图中包括的线型为外轮廓线（粗实线）、剖面线（细实线）、标注（细实线），因此需要设置图层为轮廓线层、剖面线层、细实线层、标注层。单击"图层"工具栏中的"图层特性"按钮，弹出"图层特性管理器"对话框，如图 3-4 所示。

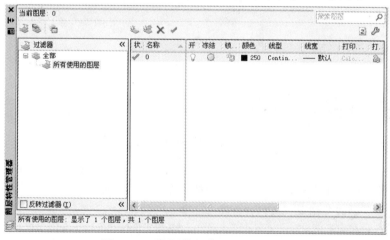

图 3-4　"图层特性管理器"对话框

单击"新建图层"按钮，在图层 0 下方出现默认名称为"图层 1"的图层，该默认名称处于待编辑状态，输入文本"外轮廓线"作为图层 1 的新名称；选择该图层的"颜色"选项，弹出图 3-5 所示的"选择颜色"对话框，在其中选择标准颜色栏中的"绿色"后，单击"确定"按钮，返回到"图层特性管理器"对话框，设置的颜色可以根据个人喜好而定；选择该图层的"线宽"选项，弹出图 3-6 所示的"线宽"对话框，在该对话框中选择"0.30"选项后单击"确定"按钮。使用相同的方法设置"剖面线"图层、"细实线"图层，设置线宽为默认值，颜色自定，最后图层设置结果如图 3-7 所示。

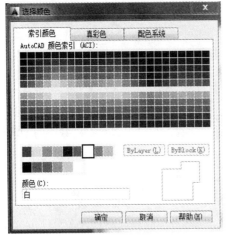

图 3-5　"选择颜色"对话框

图 3-6　"线宽"对话框

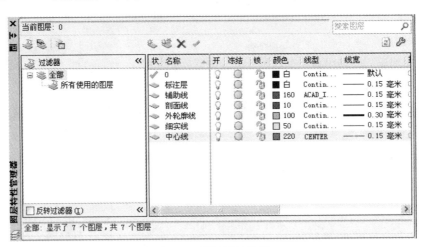

图 3-7　图层设置结果

绘制图 3-1 所示图形时，下面的操作是按照输入点 A、B、C、D、E、F、G、H、I、J、K、L、M 的次序绘制的。单击"图层"工具栏中的"图层"下拉按钮，然后设置当前图层为"轮廓线"图层，选择"直线"命令。

```
命令：_line 指定第一点：              //在绘图区任意拾取一点作为点 A
指定下一点或 [放弃(U)]：<正交 开> 17  //在点 A 的垂直方向，向上输入 AB 的长度，即
                                        可得到点 B
指定下一点或 [放弃(U)]：14             //在点 B 的水平方向，鼠标向左移动，同时输
                                        入 BC 的长度值 14，即可得到点 C
指定下一点或 [闭合(C)/放弃(U)]：51     //在点 C 的垂直方向，向上输入 CD 的长度，即
                                        可得到点 D
指定下一点或 [闭合(C)/放弃(U)]：102    //在点 D 的水平方向，向右输入 DE 的长度，即
                                        可得到点 E
```

指定下一点或 [放弃(U)]：4

指定下一点或 [放弃(U)]：41

指定下一点或 [闭合(C)/放弃(U)]：6

指定下一点或 [闭合(C)/放弃(U)]：41

指定下一点或 [闭合(C)/放弃(U)]：7

指定下一点或 [闭合(C)/放弃(U)]：34

指定下一点或 [闭合(C)/放弃(U)]：51

指定下一点或 [闭合(C)/放弃(U)]：c

//在点 E 的垂直方向，向下输入 EF 的长度，即可得到点 F

//在点 F 的水平方向，向左输入 FG 的长度，即可得到点 G

//在点 G 的垂直方向，向下输入 GH 的长度，即可得到点 H

//在点 H 的水平方向，向右输入 HI 的长度，即可得到点 I

//在点 I 的垂直方向，向下输入 IJ 的长度，即可得到点 J

//在点 J 的水平方向，向左输入 JK 的长度，即可得到点 K

//在点 K 的垂直方向，向下输入 KM 的长度，即可得到点 M

实训四 | 利用栅格捕捉绘制图形

一、实训目的和要求

- 熟悉 AutoCAD 2014 窗口中的状态栏按钮操作；
- 熟练掌握应用栅格捕捉绘制图形的方法。

二、实训内容

绘制图 4-1 所示的训练图。

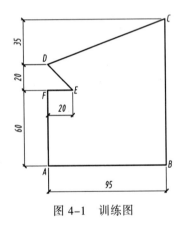

图 4-1　训练图

三、相关命令

本实训主要用到的 AutoCAD 2014 命令：新建（New）快捷键【Ctrl+N】、打开（Open）快捷键【Ctrl+O】、保存（Save）快捷键【Ctrl+S】、退出（Exit）快捷键【Ctrl+Q】、正交快捷键【F8】、直线（Line）简易命令[L]。主要用到的按钮：状态栏中的"栅格"【F7】、"捕捉"【F9】按钮。主要用到"草图设置"对话框中的"捕捉和栅格"选项卡和"图层特性管理器"对话框。

四、上机过程

1. 启动 AutoCAD 2014

具体操作参见实训一。

2. 新建图形文件

具体操作参见实训一。

3．状态栏

通过显示栅格点可有效地判定绘图中的方位。单击状态栏中的"栅格显示"按钮或按【F7】键可控制栅格点的显示与否。默认情况下，栅格点的 X 轴间距与 Y 轴间距均为 10，右击"栅格"按钮，在弹出的快捷菜单中选择"设置"命令，弹出"草图设置"对话框（见图 4-2，该对话框可通过多种方式打开，在以后的学习中将逐渐讲解），通过该对话框可以更改栅格的 X 轴间距与 Y 轴间距，操作时只需要给定 X 轴的间距，AutoCAD 将自动计算出 Y 轴的间距，它与 X 轴的间距相等，只有在 Y 轴间距栏中输入不同的值时，它们才不相等。本实训中应用栅格的默认设置并启用栅格显示即可。单击状态栏中的"栅格捕捉"按钮□或按【F9】键可控制栅格捕捉的启用与否，右击"栅格捕捉"按钮，在弹出的快捷菜单中选择"设置"命令，弹出"草图设置"对话框（见图 4-2），在图 4-2 中可以看出默认情况下栅格捕捉间距与栅格显示间距相同。启用栅格捕捉之后，鼠标在绘图区移动时，只允许停留在捕捉点上，不能任意拾取，因此鼠标的移动有一种跳动的感觉。本实训中栅格捕捉间距均应设置为 5。捕捉类型和样式采用默认设置，设置结果如图 4-3 所示。因为本实训中栅格点间距是捕捉间距的两倍，所以拾取点除栅格点外还可以拾取栅格点之间的中间点。

图 4-2　"草图设置"对话框"捕捉和栅格"选项卡

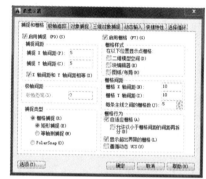

图 4-3　设置结果

通过单击方式，使"正交模式""极轴追踪""对象捕捉""对象捕捉追踪""显示/隐藏线宽"按钮处于非按下状态，如图 4-4 所示。

说明：捕捉是用于设置光标每次移动的水平和垂直方向上距离的，当用户发现光标跳走时关闭捕捉状态即可正常绘图。需要区分"捕捉模式"按钮□（功能键【F9】）和"对象捕捉"按钮□（功能键【F3】）的功能。

图 4-4　状态栏按钮状态

4．绘制图形

单击"图层"面板中的"图层特性"按钮▥，弹出"图层特性管理器"对话框，设置图层如图 4-5 所示。

绘制图 4-1 所示图形时，下面的操作是按照输入点 A、B、C、D、E、F 的次序绘制的。

命令：_line 指定第一点：　　　　　//在绘图区任意拾取栅格点作为图形中的点 A
指定下一点或 [放弃(U)]：　　　　　//沿水平方向向右移动鼠标至第 9 个半栅格点拾取点 B
指定下一点或 [放弃(U)]：　　　　　//沿垂直方向向上移动鼠标至第 11 个半栅格点拾取点 C
指定下一点或 [闭合(C)/放弃(U)]：　//向左下方移动鼠标至下第 3 个半栅格点的左侧第 9 个半
　　　　　　　　　　　　　　　　　栅格点拾取点 D

图 4-5　图层设置结果

指定下一点或 [闭合(C)/放弃(U)]:　　　　//向右下方移动鼠标至下第 2 个栅格点右侧第 2 个栅格点拾取点 E

指定下一点或 [闭合(C)/放弃(U)]:　　　　//沿水平方向向左移动鼠标至第 2 个栅格点拾取点 F

指定下一点或 [闭合(C)/放弃(U)]:c（按【Enter】键）　　　　//输入字母 c 使图形闭合

单击状态栏中的"栅格显示""对象捕捉"按钮，取消栅格显示与栅格捕捉，此时鼠标的移动变得自然流畅，保存图形。

在绘制图形过程中，由于操作失误会出现绘制错误的现象，这就需要通过删除操作完善图形。为了删除一个对象，先选择该对象，然后按【Delete】键或者单击"修改"工具栏中的"删除"按钮 ✐。可以选择多个对象同时删除；也可以先单击"删除"按钮后选择删除对象。

5. 练习

利用栅格捕捉绘制图 4-6 所示图形。通常情况下，图形中需要计算的各端点 X 轴与 Y 轴间距均为 5 的倍数，所以 X 轴与 Y 轴栅格捕捉间距均应设置为 5。启用栅格显示，同时启用栅格捕捉，调用直线命令拾取各点即可。但是，栅格和捕捉是可以随时更换的，应该根据实际情况，随时改变栅格和捕捉的设置。

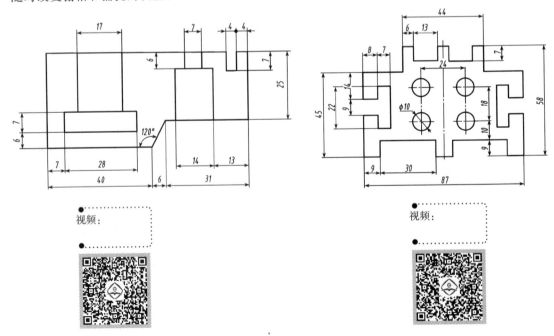

图 4-6　练习

实训五　利用对象捕捉绘制图形

一、实训目的和要求

- 熟悉 AutoCAD 2014 窗口中的状态栏按钮操作；
- 熟练掌握应用对象捕捉按钮绘制图形的方法；
- 熟练掌握应用对象自动捕捉绘制图形的方法；
- 熟练掌握工具栏的调用。

二、实训内容

绘制图 5-1 所示的训练图。

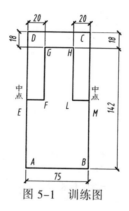

图 5-1　训练图

三、相关命令

本实训主要用到的 AutoCAD 2014 命令：直线（Line）简易命令[L]，还会用到"草图设置"对话框中的"对象捕捉"选项卡和"图层特性管理器"对话框。

四、上机过程

1．启动 AutoCAD 2014 并新建图形文件

具体操作参见实训一。

2．对象捕捉

通常要绘制的对象往往与前一个对象有关。例如，本实训中点 E 是直线 AD 的中点。AutoCAD

提供了称为"对象捕捉"的功能，使用户可以通过捕捉已有对象上的几何定义点来指定一个新点，这是一种非常精确有效的绘图方法。

按住【Shift】键，在绘图区域任意位置右击，弹出"对象捕捉"快捷菜单，如图5-2所示。

3. 绘制图形

单击"图层"面板中的"图层特性"按钮 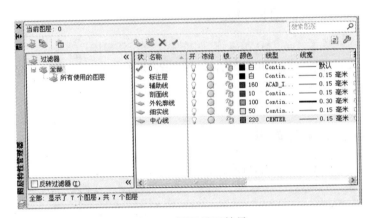，弹出"图层特性管理器"对话框，设置图层如图5-3所示。

图5-2　"对象捕捉"快捷菜单　　　　图5-3　图层设置结果

利用"对象捕捉"快捷菜单绘制图5-1所示图形。首先打开"对象捕捉"。

命令：L
LINE 指定第一点：
指定下一点或 [放弃(U)]：指定第一点：　　　　　//在绘图区任意拾取一点 A
指定下一点或 [放弃(U)]：@75, 0（按【Enter】键）　//输入点 B 对点 A 的相对坐标
指定下一点或 [放弃(U)]：@0, 160（按【Enter】键）　//输入点 C 对点 B 的相对坐标
指定下一点或 [闭合(C)/放弃(U)]：@-75, 0（按【Enter】键）//输入点 D 对点 C 的相对坐标
指定下一点或 [闭合(C)/放弃(U)]：c（按【Enter】键）　//闭合图形

再次调用直线命令，重复上一命令可以通过按【Space】键或【Enter】键实现。

命令：_ L
LINE 指定第一点：
在该提示下按住【Shift】键并右击，在弹出的"对象捕捉"快捷菜单中选择"中点"命令 ⁄。

命令：L
LINE 指定第一点：_mid 于　//在该提示下，鼠标在直线 AD 中点附近移动时，直线 AD 的中
　　　　　　　　　　　　　　　点处出现三角形提示，拾取该点
指定下一点或 [放弃(U)]：　//按住【Shift】键并右击，在弹出的"对象捕捉"快捷菜单中
　　　　　　　　　　　　　　　选择"临时追踪点"命令 ⌁
指定下一点或 [放弃(U)]：_tt 指定临时对象追踪点：
　　　　　　　　　　　　　　//在该提示下，在"对象捕捉"快捷菜单中选择"中点"命令 ⁄
指定下一点或 [放弃(U)]：_tt 指定临时对象追踪点：
>>输入 ORTHOMODE 的新值 <0>：

正在恢复执行 LINE 命令
指定临时对象追踪点：_mid 于
　　　　　　//在该提示下拾取直线 AD 的中点 E，从中点 E 沿水平方向向右侧
　　　　　　移动鼠标，将出现一条水平追踪线（圆点虚线），同时出现
　　　　　　如图 5-4 所示的提示

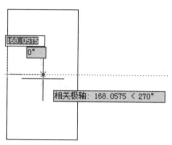

图 5-4 利用追踪点绘制

指定下一点或 [放弃(U)]：20（按【Enter】键）　//输入点 F 与点 E 的水平距离
指定下一点或 [闭合(C)/放弃(U)]：　　//按住【Shift】键并右击，在弹出的"对象捕捉"快捷
　　　　　　　　　　　　　　　　　菜单中选择"自"命令
LINE 指定第一点：_from 基点：　　//按住【Shift】键并右击，在弹出的"对象捕捉"快捷
　　　　　　　　　　　　　　　　　菜单中选择"端点"命令
指定下一点或 [闭合(C)/放弃(U)]：_from 基点：_endp 于　　　　//在该提示下拾取点 D
指定下一点或 [闭合(C)/放弃(U)]：_ _from 基点：_endp 于<偏移>：@20, -18（按【Enter】键）
　　　　　　　　　　　　　　　　//在该提示下输入点 G 相对于点 D 的相对坐标
指定下一点或 [闭合(C)/放弃(U)]：_from 基点：_endp 于<偏移>：@-20, -18（按【Enter】键）
　　　　　　　　　　　　　　　　//点 H 的绘制方法同点 G
指定下一点或 [闭合(C)/放弃(U)]：_tt 指定临时对象追踪点：_mid 于
指定下一点或 [闭合(C)/放弃(U)]：20（按【Enter】键）　　　　//点 L 的绘制方法同点 F
指定下一点或 [闭合(C)/放弃(U)]：_mid 于　　　　　　　　//点 M 的绘制方法同点 E
指定下一点或 [闭合(C)/放弃(U)]：（按【Enter】键）　　　　//结束命令

4. 设置自动捕捉

端点捕捉在绘图过程中经常用到，在这种情况下可以设置运行对象捕捉，它可以同时设置多个对象捕捉模式，如端点、中点、交点，如果因为有几个互相靠近的捕捉对象而不能准确拾取到对象捕捉点，则可按【Tab】键逐一寻找对象，直到出现想要的对象捕捉点。它将保持多次对象捕捉，直到用户关闭为止。

单击状态栏中的"对象捕捉"按钮，打开对象捕捉功能，如果想暂时关闭对象捕捉，则再次单击"对象捕捉"按钮，也可以通过按【F3】键进行"对象捕捉"打开与关闭的切换。

右击"对象捕捉"按钮，在弹出的快捷菜单中选择"设置"命令，弹出"草图设置"对话框，显示"对象捕捉"选项卡，如图 5-5 所示，在其中可设置对象捕捉模式。本实训中设置对象捕捉模式为"端点""中点"。

5. 利用自动捕捉与捕捉按钮绘制

利用自动捕捉与捕捉按钮结合绘制图 5-1 所示图形。

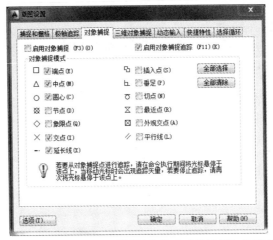

图 5-5 "草图设置"对话框中的"对象捕捉"选项卡

```
命令： _ L
LINE 指定第一点：                                    //在绘图区任意拾取一点 A
指定下一点或 [放弃(U)]：@75, 0（按【Enter】键）        //输入点 B 对点 A 的相对坐标
指定下一点或 [放弃(U)]：@0, 160（按【Enter】键）       //输入点 C 对点 B 的相对坐标
指定下一点或 [闭合(C)/放弃(U)]：@-75, 0（按【Enter】键）  //输入点 D 对点 C 的相对坐标
指定下一点或 [闭合(C)/放弃(U)]：c（按【Enter】键）       //闭合图形
命令： _ L
LINE 指定第一点：                                    //鼠标移动到直线 AD 中点附近将出现图 5-4
                                                    所示提示，在该提示下单击拾取点 E
指定下一点或 [放弃(U)]：                              //按住【Shift】键并右击，选择"对象
                                                    捕捉"快捷菜单中的"临时追踪点"命令
指定下一点或 [放弃(U)]：_tt 指定临时对象追踪点：       //在该提示下，拾取直线 AD 中点 E，
                                                    沿水平方向向右侧移动鼠标，出现
                                                    图 5-4 所示的水平追踪线
指定下一点或 [放弃(U)]：20（按【Enter】键）   //输入点 F 与点 E 的水平距离
指定下一点或 [放弃(U)]：                              //按住【Shift】键并右击，选择"对象捕
                                                    捉"快捷菜单中的"临时追踪点"命令
指定下一点或 [放弃(U)]：_from 基点：                  //在该提示下拾取点 D
指定下一点或 [放弃(U)]：_from 基点：<偏移>：           //在该提示下输入点 G 与点 D 之间
                                                    的 X 向与 Y 向距离，即相对坐标
指定下一点或 [放弃(U)]：_from 基点：<偏移>：@20, -18（按【Enter】键）
指定下一点或 [闭合(C)/放弃(U)]：_from 基点：<偏移>：@-20,-18（按【Enter】键）
                                                    //点 H 的绘制方法同点 G
指定下一点或 [闭合(C)/放弃(U)]：_tt 指定临时对象追踪点：
指定下一点或 [闭合(C)/放弃(U)]：20（按【Enter】键）   //点 L 与点 F 绘制方法相同
指定下一点或 [闭合(C)/放弃(U)]：                      //在该提示下拾取中点 M
指定下一点或 [闭合(C)/放弃(U)]：（按【Enter】键）   //结束该命令
```

6. 练习

利用对象捕捉绘制图 5-6 所示图形。

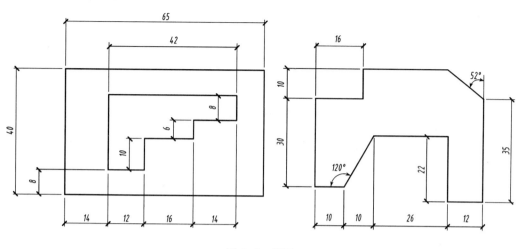

图 5-6　练习

实训六 │ 利用对象追踪绘制图形

一、实训目的和要求

- 熟悉 AutoCAD 2014 窗口中的状态栏按钮操作；
- 熟练应用对象捕捉追踪绘图。

二、实训内容

绘制图 6-1 所示的训练图。

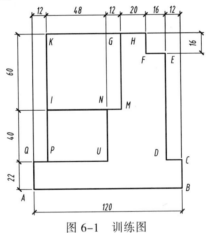

图 6-1　训练图

三、相关命令

本实训主要用到的 AutoCAD 2014 命令：直线（Line）简易命令【L】。主要用到的按钮：状态栏中的"正交模式"【F8】按钮、"对象捕捉"【F3】按钮、"对象捕捉追踪"【F11】按钮。主要用到"草图设置"对话框中的"对象捕捉"选项卡和"图层特性管理器"对话框。

四、上机过程

1. 启动 AutoCAD 2014 并新建图形文件

具体操作参见实训一。

2．相关设置

使用对象追踪可以绘制在同一水平线或同一垂直线上不相连但已知其距离的点。启用对象追踪模式，用户捕捉已知点后沿目标点方向移动，在出现追踪线提示时，直接输入目标点相对已知点的距离，按【Enter】键即可。

启用正交或对象追踪模式绘制图形，直接键入两点距离而不需要键入角度和坐标值，使绘图更简单、更有效。

如果同时设置多个对象捕捉模式，如交点、端点、中点、切点，则启用对象追踪模式后，鼠标在已知点处移动时，可能会出现多个提示点同时被追踪，可以通过单击状态栏中的"对象捕捉追踪"按钮取消多个追踪提示点，再次单击"对象捕捉追踪"按钮，重新捕捉追踪点。

3．绘制图形

单击"图层"面板中的"图层特性"按钮，弹出"图层特性管理器"对话框，设置图层如图 6-2 所示。

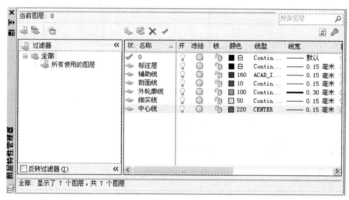

图 6-2　图层设置结果

单击状态栏中的"正交模式""对象捕捉追踪""对象捕捉"按钮，使"正交模式""对象捕捉追踪""对象捕捉"按钮处于按下状态，设置对象捕捉模式为"端点""垂足"。

```
命令：_line 指定第一点：                    //在绘图区任意拾取一点 A
指定下一点或 [放弃(U)]：120（按【Enter】键）  //沿水平方向向右移动鼠标，输入距离 120
指定下一点或 [放弃(U)]：22（按【Enter】键）   //沿垂直方向向上移动鼠标，输入距离 22
指定下一点或 [闭合(C)/放弃(U)]：12（按【Enter】键）  //沿水平方向向左移动鼠标，输入距离 12
指定下一点或 [闭合(C)/放弃(U)]：84（按【Enter】键）  //沿垂直方向向上移动鼠标，输入距离 84
指定下一点或 [闭合(C)/放弃(U)]：16（按【Enter】键）  //沿水平方向向左移动鼠标，输入距离 16
指定下一点或 [闭合(C)/放弃(U)]：16（按【Enter】键）  //沿垂直方向向上移动鼠标，输入距离 16
指定下一点或 [闭合(C)/放弃(U)]：80（按【Enter】键）  //沿水平方向向左移动鼠标，输入距离 80
指定下一点或 [闭合(C)/放弃(U)]：100（按【Enter】键） //沿垂直方向向下移动鼠标，输入距离 100
指定下一点或 [闭合(C)/放弃(U)]：12（按【Enter】键）  //沿水平方向向左移动鼠标，输入距离 12
指定下一点或 [闭合(C)/放弃(U)]：22（按【Enter】键）  //沿垂直方向向下移动鼠标，输入距离 22
指定下一点或 [闭合(C)/放弃(U)]：（按【Enter】键）  //结束该命令
命令：_line 指定第一点：40（按【Enter】键）   //在该提示下将鼠标移动到已绘制的点 P 附近，出
                                            现图 6-3 所示端点拾取框时向上移动鼠标，
                                            出现追踪线同时出现图 6-3 所示提示，在该
                                            提示下输入点 I 距点 P 的距离 40
```

指定下一点或 [放弃(U)]: 60（按【Enter】键） //沿水平方向向右移动鼠标，输入距离 60
指定下一点或 [放弃(U)]: //沿垂直方向向上移动鼠标，出现图 6-4
所示垂足拾取框时拾取该点

指定下一点或 [闭合(C)/放弃(U)]:（按【Enter】键） //结束该命令
命令：_line 指定第一点： //拾取端点 P
指定下一点或 [放弃(U)]: 48（按【Enter】键） //沿水平方向向右移动鼠标，输入点 U 距点 P 的距离 48
指定下一点或 [放弃(U)]: //沿垂直方向向上移动鼠标，拾取垂足
指定下一点或 [闭合(C)/放弃(U)]:（按【Enter】键） //结束该命令

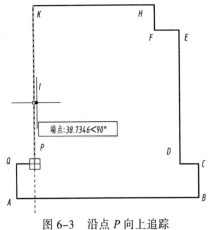
图 6-3　沿点 P 向上追踪

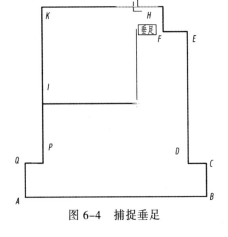
图 6-4　捕捉垂足

4．练习

利用正交与对象追踪绘制图 6-5 所示图形。

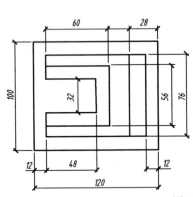

图 6-5　U 形桥台投影图

实训七 ‖ 利用极轴追踪绘制图形

一、实训目的和要求

- 熟悉 AutoCAD 2014 窗口中的状态栏按钮操作；
- 熟练应用极轴追踪【F10】绘制图形。

二、实训内容

绘制图 7-1 所示五棱台的投影。

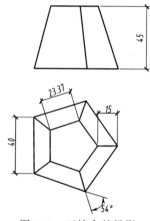

图 7-1 五棱台的投影

三、相关命令

本实训主要用到的 AutoCAD 2014 命令：直线（Line）简易命令【L】。主要用到的按钮：状态栏上的"极轴追踪"【F10】按钮、"对象捕捉追踪"【F11】按钮、"对象捕捉"【F3】按钮。主要用到"草图设置"对话框中的"对象捕捉""极轴追踪"选项卡和"图层特性管理器"对话框。

四、上机过程

1. 启动 AutoCAD 2014 并新建图形文件

具体操作参见实训一。

2．相关设置

当用户所绘制或编辑的角度不是 4 个正交角时，就可以应用极轴追踪。极轴追踪使得输入角度的直接距离变得容易。在使用极轴追踪前，用户应首先设置所使用的角度。右击状态栏中的"极轴追踪"按钮，在弹出的快捷菜单中选择"设置"命令，弹出"草图设置"对话框，切换到"极轴追踪"选项卡，如图 7-2 所示。

在"极轴追踪"选项卡中可以对极轴角进行设置，在"增量角"下拉列表框中有已知选项从 5°～90° 的角度增量，还可以在文本框中直接输入角度增量。如果想增加所需的额外角度，可选中"附加角"复选框，单击"新建"按钮，输入一个角度，此处可加入 10 个角度。输入的附加角没有增量，如输入 14，在绘制图形过程中可追踪到 14°，但是追踪不到 28°。选中输入的附加角度后单击"删除"按钮，将附加角删除。在对话框右侧的"对象捕捉追踪设置"选项组中，选中"仅正交追踪"单选按钮，在绘制图形时追踪线从捕捉点只能沿着水平、垂直方向追踪；选中"用所有极轴角设置追踪"单选按钮，在绘制图形时追踪线从捕捉点沿所有设置的极轴角方向追踪，默认情况下仅正交追踪。"极轴角测量"可设置为"绝对"或"相对上一段"，"绝对"指角度以 0 为基准计算；"相对上一段"指角度相对于刚刚所绘制图形的相对量取。本实训中设置为 180，结果如图 7-3 所示。

图 7-2　"草图设置"对话框"极轴追踪"选项卡

图 7-3　设置结果

3．绘制图形

单击"图层"面板中的"图层特性"按钮，弹出"图层特性管理器"对话框，设置图层如图 7-4 所示。

图 7-4　图层设置结果

　　单击状态栏中的"极轴追踪""对象捕捉追踪""对象捕捉"按钮，使"极轴追踪""对象捕捉追踪""对象捕捉"按钮处于按下状态，设置对象捕捉模式为"端点""平行"。

（1）绘制平面图

从左下角点开始顺时针绘制外侧正五边形。

```
命令：_line 指定第一点：               //在绘图区任意拾取一点
指定下一点或 [放弃(U)]：40(按【Enter】键)  //沿垂直方向向上移动鼠标，出现图7-5所
                                         示提示，输入边长40
```

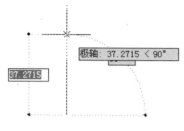

图 7-5　第一条边的绘制

```
指定下一点或 [放弃(U)]：-40(按【Enter】键)  //移动鼠标至图7-6所示提示，输入边长的
                                          负值-40
```

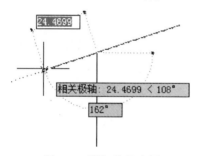

图 7-6　附加角的应用

```
指定下一点或[闭合(C)/放弃(U)]：-40(按【Enter】键)  //移动鼠标至图7-7所示提示，输入边
                                               长的负值-40
```

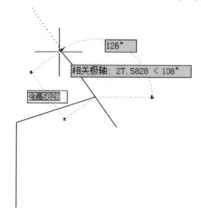

图 7-7　第三条边的绘制

指定下一点或 [闭合(C)/放弃(U)]: -40(按【Enter】键)　　//方法同上
指定下一点或 [闭合(C)/放弃(U)]: -40(按【Enter】键)　　//方法同上
指定下一点或 [闭合(C)/放弃(U)]: (按【Enter】键)　　　//结束该命令

弹出"草图设置"对话框，新建 36° 附加角，其他设置不变，单击"确定"按钮，退出对话框。调用直线命令继续绘制图形，步骤如下：

命令: _line 指定第一点:　　　　　　　　　　　//拾取绘制完的五边形左下角点
指定下一点或 [放弃(U)]: 15 (按【Enter】键)　　//移动鼠标至图 7-8 所示提示，
　　　　　　　　　　　　　　　　　　　　　　　　　　输入连线长度 15

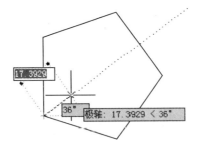

图 7-8　五边形连线的绘制

指定下一点或 [放弃(U)]: 22.37 (按【Enter】键)　　//向上移动鼠标出现追踪线，
　　　　　　　　　　　　　　　　　　　　　　　　　　　输入边长 22.37
指定下一点或 [闭合(C)/放弃(U)]: 22.37 (按【Enter】键)　//移动鼠标至图 7-9 所示提示
　　　　　　　　　　　　　　　　　　　　　　　　　　　后继续移动鼠标至图 7-10
　　　　　　　　　　　　　　　　　　　　　　　　　　　所示提示，输入边长 22.37
指定下一点或 [闭合(C)/放弃(U)]: 22.37 (按【Enter】键)　//方法同上一边
指定下一点或 [闭合(C)/放弃(U)]: 22.37 (按【Enter】键)　//方法同上一边
指定下一点或 [闭合(C)/放弃(U)]:　　　　　　　　　//拾取该五边形第一点使图形闭合
指定下一点或 [闭合(C)/放弃(U)]: (按【Enter】键)　　//结束该命令

多次调用直线命令，连接内侧五边形与外侧五边形对应各角点，平面图绘制完闭。

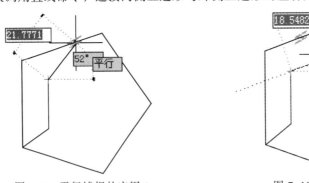

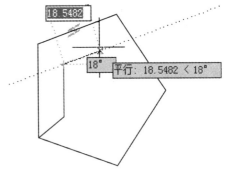

图 7-9　平行捕捉的应用 1　　　　　　　　图 7-10　平行捕捉的应用 2

（2）绘制正面图

正面图的绘制尺寸来自平面图，直线端点的绘制通过追踪完成更简便，在绘制图形过程中需要用到辅助线，图形绘制完毕后删除辅助线。更改对象捕捉模式为"端点""交点"，将"平行"捕捉取消。

命令：_line 指定第一点：　　　　　　　//捕捉图 7-11 所示的端点后向上移动鼠标，待出现
　　　　　　　　　　　　　　　　　　　　图 7-11 所示提示后拾取一点

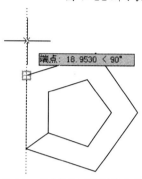

图 7-11　绘制正面图底边左端点

指定下一点或 [放弃(U)]：　　　　　　//捕捉图 7-12 所示的端点后向上移动鼠标，待
　　　　　　　　　　　　　　　　　　　出现图 7-12 所示提示后拾取一点
指定下一点或 [放弃(U)]：（按【Enter】键）　//结束该命令
命令：_line 指定第一点：　　　　　　//捕捉图 7-13 所示端点后向上移动鼠标，
　　　　　　　　　　　　　　　　　　　待出现图 7-13 所示提示后单击

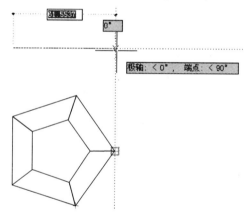

图 7-12　绘制正面图底边右端点

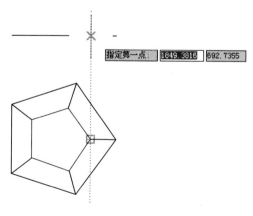

图 7-13　绘制辅助线下端点

指定下一点或 [放弃(U)]: 45（按【Enter】键）　　　//沿垂直方向向上移动鼠标，输入五棱台高度 45

指定下一点或 [放弃(U)]:（按【Enter】键）　　　//结束该命令（该命令所绘制直线为辅助线）

命令：_line 指定第一点：　　　　　　　　　　　//拾取底边右端点

指定下一点或 [放弃(U)]:　　　　　　　　　　　//拾取辅助线上端点

指定下一点或 [放弃(U)]:　　　　　　　　　　　//移动鼠标，出现图 7-14 所示提示后单击

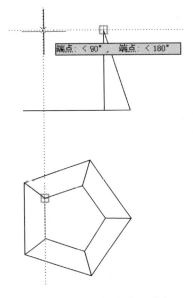

图 7-14　绘制辅助线上端点

指定下一点或 [闭合(C)/放弃(U)]:　　　　　　　　//移动鼠标拾取底边左端点

指定下一点或 [闭合(C)/放弃(U)]:（按【Enter】键）　//结束该命令

删除辅助线。

命令：_line 指定第一点：　　　　　　　　//移动鼠标，出现图 7-15 所示提示后单击

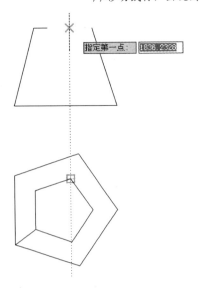

图 7-15　绘制正面图棱的上端点

指定下一点或 [放弃(U)]:　　　　　　　//移动鼠标，出现图 7-16 所示提示后单击

指定下一点或 [放弃(U)]:（按【Enter】键）//结束该命令

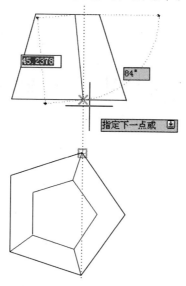

图 7-16　绘制正面图棱的下端点

4．练习

利用极轴追踪绘制图 7-17 所示图形。

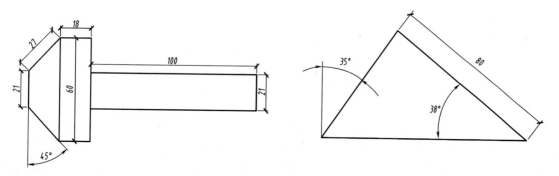

图 7-17　练习

实训八 | 利用圆、圆弧命令绘制图形

一、实训目的和要求

- 熟练掌握构造线的应用；
- 熟练掌握圆的绘制方法；
- 熟练掌握圆弧的绘制方法；
- 熟练掌握利用修剪命令编辑图形的方法。

二、实训内容

绘制图 8-1 所示的训练图。

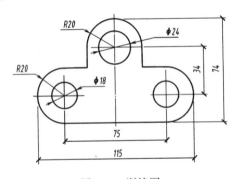

图 8-1　训练图

三、相关命令

本实训主要用到的 AutoCAD 2014 命令：直线（Line）简易命令[L]、构造线（Xline）简易命令[Xl]、圆（Circle）简易命令[C]、修剪（Trim）简易命令[Tr]。主要用到的按钮：状态栏中的"极轴追踪"【F10】按钮、"对象捕捉追踪"【F11】按钮、"对象捕捉"【F3】按钮。主要用到"对象捕捉"选项卡和"图层特性管理器"对话框。

四、上机过程

1. 启动 AutoCAD 2014 并新建图形文件

具体操作参见实训一。

2．绘制图形

单击"图层"工具栏中的"图层特性"按钮，弹出"图层特性管理器"对话框，设置图层如图8-2所示。

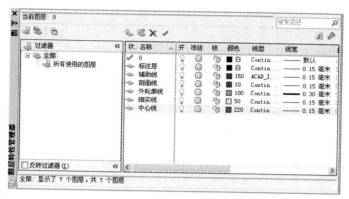

图8-2 图层设置结果

单击状态栏中的"极轴追踪""对象捕捉追踪""对象捕捉"按钮，使"极轴追踪""对象捕捉追踪""对象捕捉"按钮处于按下状态，设置对象捕捉模式为"端点""交点""象限点"。

① 选择图层管理器中辅助线层设为当前层，依次绘制辅助线 I、II、III、IV、V、VI，如图8-3所示，绘图时辅助线一般采用圆心线、底边。

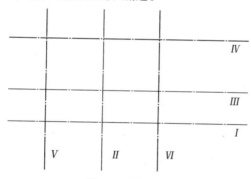

图8-3 辅助线

```
命令：xl
XLINE 指定点或 [水平(H)/垂直(V)/角度(A)/二等分(B)/偏移(O)]： //在绘图区任意拾取一点
指定通过点：                                              //沿水平方向拾取一点
指定通过点：                                              //沿垂直方向拾取一点
指定通过点：（按【Enter】键）                              //结束该命令
命令：_xline 指定点或 [水平(H)/垂直(V)/角度(A)/二等分(B)/偏移(O)]：h（按【Enter】键）
指定通过点：20（按【Enter】键）   //捕捉辅助线 I、II 的交点，沿垂直方向向上追踪，输入20
指定通过点：（按【Enter】键）                              //结束该命令
命令：_xline 指定点或 [水平(H)/垂直(V)/角度(A)/二等分(B)/偏移(O)]：h（按【Enter】键）
指定通过点：54（按【Enter】键）   //捕捉辅助线 I、II 的交点，沿垂直方向向上追踪，输入54
指定通过点：（按【Enter】键）                              //结束该命令
命令：_xline 指定点或 [水平(H)/垂直(V)/角度(A)/二等分(B)/偏移(O)]：v（按【Enter】键）
```

指定通过点：37.5（按【Enter】键）   //捕捉辅助线 Ⅰ、Ⅱ的交点，沿水平方向向左追踪，输入37.5
指定通过点：（按【Enter】键）   //结束该命令
命令：_xline 指定点或 [水平(H)/垂直(V)/角度(A)/二等分(B)/偏移(O)]：v（按【Enter】键）
指定通过点：37.5（按【Enter】键）   //捕捉辅助线 Ⅰ、Ⅱ的交点，沿水平方向向向右追踪，输入37.5
指定通过点：（按【Enter】键）   //结束该命令

② 在图层管理器中选择外轮廓线层设为当前层，绘制圆 Ⅶ 及其同心圆、圆 Ⅷ 及其同心圆、圆 Ⅸ 及其同心圆、直线 Ⅹ、ⅩⅠ、Ⅻ，如图8-4所示。

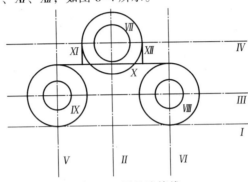

图8-4 圆及连接线

命令：c
CIRCLE 指定圆的圆心或 [三点(3P)/两点(2P)/切点、切点、半径(T)]：
　　　　　　　　　　　　　//拾取辅助线Ⅱ、Ⅳ的交点，作为圆 Ⅶ 的圆心
指定圆的半径或 [直径(D)]：12（按【Enter】键）
　　　　　　　　　　　　　//输入圆 Ⅶ 的半径12
命令：CIRCLE 指定圆的圆心或 [三点(3P)/两点(2P)/相切、相切、半径(T)]：
　　　　　　　　　　　　　//拾取辅助线Ⅱ、Ⅳ的交点，作为圆 Ⅶ 同心圆的圆心
指定圆的半径或 [直径(D)] <12.0000>：20（按【Enter】键）
　　　　　　　　　　　　　//输入圆 Ⅶ 同心圆的半径20
命令：CIRCLE 指定圆的圆心或 [三点(3P)/两点(2P)/相切、相切、半径(T)]：
　　　　　　　　　　　　　//拾取辅助线Ⅲ、Ⅵ的交点，作为圆 Ⅷ 的圆心
指定圆的半径或 [直径(D)] <20.0000>：9（按【Enter】键）
　　　　　　　　　　　　　//输入圆 Ⅷ 的半径9
命令：CIRCLE 指定圆的圆心或 [三点(3P)/两点(2P)/相切、相切、半径(T)]：
　　　　　　　　　　　　　//拾取辅助线Ⅲ、Ⅵ的交点，作为圆 Ⅷ 同心圆的圆心
指定圆的半径或 [直径(D)] <9.0000>：20（按【Enter】键）   //输入圆 Ⅷ 同心圆的半径20
命令：CIRCLE 指定圆的圆心或 [三点(3P)/两点(2P)/相切、相切、半径(T)]：
　　　　　　　　　　　　　//拾取辅助线Ⅲ的 Ⅴ 的交点，作为圆Ⅸ的圆心
指定圆的半径或 [直径(D)] <20.0000>：9（按【Enter】键）   //输入圆Ⅸ的半径9
命令：CIRCLE 指定圆的圆心或 [三点(3P)/两点(2P)/相切、相切、半径(T)]：
　　　　　　　　　　　　　//拾取辅助线Ⅲ、Ⅴ的交点，作为圆Ⅸ同心圆的圆心
指定圆的半径或 [直径(D)] <9.0000>：20（按【Enter】键）   //输入圆Ⅸ同心圆的半径20
命令：LINE 指定第一点：
　　　　　　　　　　　　　//拾取圆 Ⅷ 同心圆的上象限点，作为直线 Ⅹ 的第一端点
指定下一点或 [放弃(U)]：   //拾取圆Ⅸ同心圆的上象限点，作为直线 Ⅹ 的第二端点
指定下一点或 [放弃(U)]：（按【Enter】键）   //结束命令
命令：LINE 指定第一点：   //拾取圆 Ⅶ 同心圆的左象限点，作为直线 ⅩⅠ 的第一端点
指定下一点或 [放弃(U)]：//沿垂直方向向下移动鼠标拾取直线Ⅹ上的交点作为直线ⅩⅠ的第二端点
指定下一点或 [放弃(U)]：（按【Enter】键）   //结束命令

命令： LINE 指定第一点：//拾取圆Ⅶ 同心圆的右象限点，作为直线ⅩⅡ 的第一端点
指定下一点或 [放弃(U)]：//沿垂直方向向下移动鼠标拾取直线Ⅹ上的交点作为直线ⅩⅡ 的第二端点
指定下一点或 [放弃(U)]：（按【Enter】键）　　　　//结束命令

③ 对图形中多余线条进行修剪。

命令：tr
TRIM
当前设置：投影=UCS，边=无
选择剪切边...
选择对象或 <全部选择>：找到 1 个　　　　//选取圆Ⅷ 同心圆作为剪切边
选择对象：找到 1 个，总计 2 个　　　　//选取圆Ⅸ同心圆作为剪切边
选择对象：（按【Enter】键）　　　　//剪切边选择完毕
选择要修剪的对象，或按住 Shift 键选择要延伸的对象，或
[栏选(F)/窗交(C)/投影(P)/边(E)/删除(R)/放弃(U)]：　　　　//选取辅助线 I 位于圆Ⅸ左侧
　　　　的任意位置
选择要修剪的对象，或按住 Shift 键选择要延伸的对象，或
[栏选(F)/窗交(C)/投影(P)/边(E)/删除(R)/放弃(U)]：　　　　//选取辅助线 I 位于圆Ⅷ 右侧
　　　　的任意位置
选择要修剪的对象，或按住 Shift 键选择要延伸的对象，或
[栏选(F)/窗交(C)/投影(P)/边(E)/删除(R)/放弃(U)]：（按【Enter】键）　　　　//结束命令
修剪后的图形如图 8-5 所示。

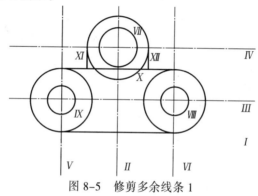

图 8-5　修剪多余线条 1

对辅助线 I 进行图层转换，使其转换成外轮廓线层。

命令：TRIM（修剪）
当前设置：投影=UCS，边=无
选择剪切边...
选择对象或 <全部选择>：找到 1 个　　　　//选取直线 Ⅹ
选择对象：找到 1 个，总计 2 个　　　　//选取被修剪了的辅助线 I
选择对象：（按【Enter】键）　　　　//剪切边选择完毕
选择要修剪的对象，或按住 Shift 键选择要延伸的对象，或
[栏选(F)/窗交(C)/投影(P)/边(E)/删除(R)/放弃(U)]：　　　　//选取圆Ⅸ同心圆的右侧
选择要修剪的对象，或按住 Shift 键选择要延伸的对象，或
[栏选(F)/窗交(C)/投影(P)/边(E)/删除(R)/放弃(U)]：　　　　//选取圆Ⅷ 同心圆的左侧
选择要修剪的对象，或按住 Shift 键选择要延伸的对象，或
[栏选(F)/窗交(C)/投影(P)/边(E)/删除(R)/放弃(U)]：（按【Enter】键）　　　　//结束命令
修剪后的图形如图 8-6 所示。

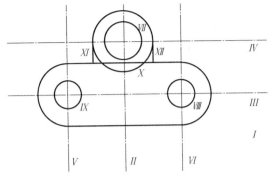

图 8-6　修剪多余线条 2

命令：TRIM（修剪）
当前设置：投影=UCS，边=无
选择剪切边...
选择对象或 <全部选择>：　找到 1 个　　　　　　　　　//选取直线 *XI*
选择对象：找到 1 个，总计 2 个　　　　　　　　　　　//选取直线 *XII*
选择对象：（按【Enter】键）　　　　　　　　　　　//剪切边选取完毕
选择要修剪的对象，或按住 Shift 键选择要延伸的对象，或
[栏选(F)/窗交(C)/投影(P)/边(E)/删除(R)/放弃(U)]：　//选取圆 *VII* 同心圆的位于直线 *XI* 与直线 *XII* 之间下方位置

选择要修剪的对象，或按住 Shift 键选择要延伸的对象，或
[栏选(F)/窗交(C)/投影(P)/边(E)/删除(R)/放弃(U)]：　//选取直线 *X* 的位于直线 *XI* 与直线 *XII* 之间任意位置

选择要修剪的对象，或按住 Shift 键选择要延伸的对象，或
[栏选(F)/窗交(C)/投影(P)/边(E)/删除(R)/放弃(U)]：（按【Enter】键）　//结束命令
修剪后的图形如图 8-7 所示，删除辅助线 *II*、*III*、*IV*、*V*、*VI*，绘图完毕。

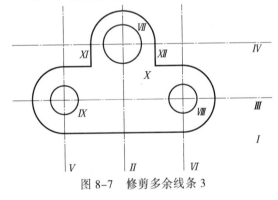

图 8-7　修剪多余线条 3

3. 练习

利用直线、圆、修剪等命令绘制图 8-8 所示的图形。

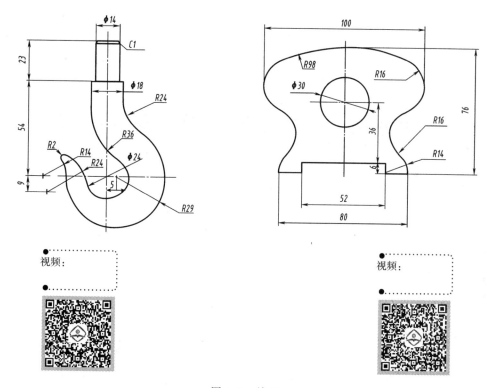

视频：

视频：

图 8-8　练习

一、实训目的和要求

- 熟练掌握多边形的绘制方法；
- 熟练掌握基本二视图的绘制方法。

二、实训内容

绘制图 9-1 所示的正五棱锥投影图。

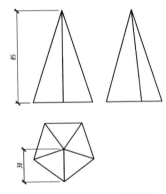

图 9-1　正五棱锥投影图

三、相关命令

本实训主要用到的 AutoCAD 2014 命令：直线（Line）简易命令[L]、多边形（Polygon）简易命令[Pol]、矩形（Tectang）简易命令[TEC]、圆（Circle）简易命令[C]。主要用到的按钮：状态栏中的"极轴追踪"【F10】按钮、"对象捕捉追踪"【F11】按钮、"对象捕捉"【F3】按钮。主要用到"对象捕捉"选项卡和"图层特性管理器"对话框。

四、上机过程

1. 启动 AutoCAD 2014 并新建图形文件

具体操作参见实训一。

2．绘制图形

单击"图层"面板中的"图层特性"按钮，弹出"图层特性管理器"对话框，设置图层，如图 9-2 所示。

设置对象捕捉模式为"端点""交点""圆心""切点"，单击状态栏中的"极轴追踪""对象捕捉追踪""对象捕捉"按钮，使其处于按下状态。

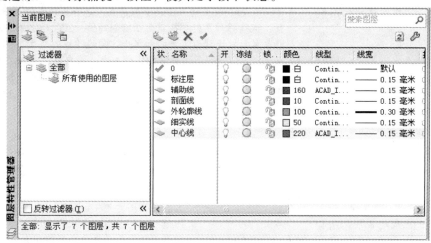

图 9-2　图层设置结果

（1）绘制正五棱锥平面图

① 绘制五边形，步骤如下：

命令：POLYGON　输入边的数目 <4>：5（按【Enter】键）　//输入绘制的多边形边数 5
指定正多边形的中心点或 [边(E)]：　　　　　　//在绘图区任意拾取一点作为五边形的中心点
输入选项 [内接于圆(I)/外切于圆(C)] <I>：（按【Enter】键）
　　　　　　　　　　　　　　　　　　　　　　//选择默认方式（内接于圆），按【Enter】键
指定圆的半径：0,-30（按【Enter】键）　//输入多边形第一角点距外接圆圆心的相对坐标，如果
　　　　　　　　　　　　　　　　　　　　　直接输入半径，则五边形的方向与要求不符

② 绘制各棱，绘制五边形的外接圆作为辅助，五边形各角与辅助圆圆心连接。

命令：CIRCLE 指定圆的圆心或 [三点(3P)/两点(2P)/切点、切点、半径(T)]：3p（按【Enter】键）
　　　　　　　　　　　　　　　　　　　　//绘制圆的方法选择"已知三点绘制（3P）"
指定圆上的第一个点：　　　　　//移动鼠标到五边形一边上，当出现"切点"提示时，拾取该点
指定圆上的第二个点：　　　　　//移动鼠标到五边形另一边上，当出现"切点"提示时，拾取该点
指定圆上的第三个点：　　　　　//继续移动鼠标到五边形另一边上，当出现"递延切点"提示时，
　　　　　　　　　　　　　　　　　拾取该点，辅助圆绘制完毕

命令：_line 指定第一点：　　　　　　　　　　　//拾取五边形第一角点
指定下一点或 [放弃(U)]：　　　　　　　　　　　//拾取辅助圆圆心
指定下一点或 [放弃(U)]：　　　　　　　　　　　//拾取五边形第二角点
指定下一点或 [闭合(C)/放弃(U)]：（按【Enter】键）//结束该命令
命令：_line 指定第一点：　　　　　　　　　　　//拾取五边形第三角点
指定下一点或 [放弃(U)]：　　　　　　　　　　　//拾取辅助圆圆心
指定下一点或 [放弃(U)]：　　　　　　　　　　　//拾取五边形第四角点
指定下一点或 [闭合(C)/放弃(U)]：（按【Enter】键）//结束该命令
命令：_line 指定第一点：　　　　　　　　　　　//拾取五边形最后一个角点

指定下一点或 [放弃(U)]：　　　　　　　　　　　　　//拾取辅助圆圆心

指定下一点或 [放弃(U)]：（按【Enter】键）　　　　//结束该命令

③ 删除辅助圆。

（2）绘制正面图

命令：_line 指定第一点：　//捕捉五边形中心点，沿垂直方向向上移动鼠标至适当位置拾取一点

指定下一点或 [放弃(U)]：85（按【Enter】键）　//沿垂直方向向上移动鼠标，输入五棱锥高85

指定下一点或 [放弃(U)]：　　　//移动鼠标捕捉五边形左侧中部角点，沿垂直方向向上移动鼠标，继续移动鼠标捕捉正面图绘制的第一点，沿水平方向向左移动鼠标，出现垂直方向和水平方向追踪线的交点，拾取该点

指定下一点或 [闭合(C)/放弃(U)]：　　　//捕捉五边形右侧中部角点，沿垂直方向向上移动鼠标，出现垂直方向和水平方向追踪线的交点，拾取该点

指定下一点或 [闭合(C)/放弃(U)]：　　　//拾取五棱锥顶点

指定下一点或 [闭合(C)/放弃(U)]：（按【Enter】键）　　　//结束该命令

（3）绘制左侧面图

设置极轴增量角为 45°，沿 135° 绘制一条辅助线，该辅助线位于平面图的右侧、正面图的右下方。绘制平面图各角点与 135° 辅助线交点之间水平连接线，左侧图的绘制以这些水平线为辅助线，左侧图绘制完毕后删除各辅助线。

命令：_line 指定第一点：　　　　　　　　//在正面图右侧下方拾取一点

指定下一点或 [放弃(U)]：　　　　　　　　//沿 135° 拾取一点

指定下一点或 [放弃(U)]：（按【Enter】键）　//结束该命令（该命令所绘制直线为辅助线）

命令：_line 指定第一点：　　　　　　　　//拾取五边形最上一边任意角点

指定下一点或 [放弃(U)]：　　//沿水平方向向右移动鼠标到辅助线，出现交点提示拾取该点

指定下一点或 [放弃(U)]：（按【Enter】键）　//结束该命令

命令：_line 指定第一点：　　　　　　　　//拾取五边形中心点

指定下一点或 [放弃(U)]：　　//沿水平方向向右移动鼠标到辅助线，出现交点提示拾取该点

指定下一点或 [放弃(U)]：（按【Enter】键）　//结束该命令

命令：_line 指定第一点：　　　　　　　　//拾取五边形最下方角点

指定下一点或 [放弃(U)]：　　//沿水平方向向右移动鼠标到辅助线，出现交点提示拾取该点

指定下一点或 [放弃(U)]：（按【Enter】键）　//结束该命令

命令：_line 指定第一点：：　　　　　　　//拾取五边形右侧中部角点

指定下一点或 [放弃(U)]：　　//沿水平方向向右移动鼠标到辅助线，出现交点提示拾取该点

指定下一点或 [放弃(U)]：（按【Enter】键）　//结束该命令

命令：_line 指定第一点：　　　//捕捉上方第一条水平辅助线右端点，沿垂直方向向上追踪，移动鼠标捕捉正面图底边端点，沿水平方向向右追踪，出现水平、垂直方向追踪线交点，拾取该点

指定下一点或 [放弃(U)]：　　　//捕捉上方第二条水平辅助线右端点，沿垂直方向向上追踪，移动鼠标捕捉正面图五棱锥顶点，沿水平方向向右追踪，出现水平、垂直方向追踪线交点，拾取该点

指定下一点或 [放弃(U)]：　　　//捕捉最下方水平辅助线右端点，沿垂直方向向上追踪，移动鼠标捕捉左侧图绘制的第一点，沿水平方向向右追踪，出现水平、垂直方向追踪线交点，拾取该点

指定下一点或 [闭合(C)/放弃(U)]：　　　　　　//拾取左侧图绘制的第一端点闭合图形

指定下一点或 [闭合(C)/放弃(U)]：（按【Enter】键）　//结束该命令

命令：_line 指定第一点：　　　//捕捉上方第三条水平辅助线右端点，沿垂直方向向上追踪，在左侧图底边出现交点提示，拾取该点

指定下一点或 [放弃(U)]：　　　　　　　　//拾取左侧图五棱锥锥顶

指定下一点或 [放弃(U)]：（按【Enter】键）　　//结束该命令

3. 练习

① 利用多边形命令绘制图 9–1 所示五棱台的投影图并绘制左侧面图。

② 绘制图 9–3 所示四棱台投影图。

③ 绘制图 9–4 所示正六棱柱投影图。

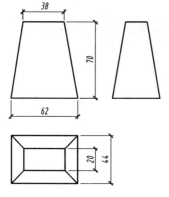

图 9–3　四棱台投影图

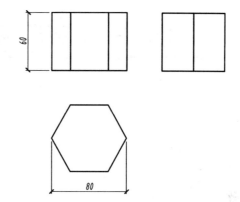

图 9–4　正六棱柱投影图

实训十 | 利用复制编辑命令绘制图形

一、实训目的和要求

熟练掌握复制命令的应用。

二、实训内容

绘制如图 10-1 所示的建筑物立面图。

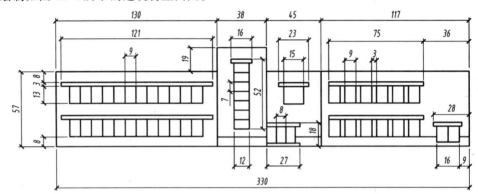

图 10-1   建筑物立面图

三、相关命令

本实训主要用到的 AutoCAD 2014 命令：直线（Line）简易命令[L]、矩形（Rectang）简易命令[Rec]、复制（Copy）简易命令[Co]、修剪（Trim）简易命令[Tr]。主要用到的按钮：状态栏中的"极轴追踪"【F10】按钮、"对象捕捉追踪"【F11】按钮、"对象捕捉"【F3】按钮。主要用到的选项卡："对象捕捉"选项卡。

四、上机过程

1. 启动 AutoCAD 2014 并新建图形文件

具体操作参见实训一。

2. 绘制图形

设置对象捕捉模式为"端点"，单击状态栏中的"极轴追踪""对象捕捉追踪""对象捕捉"按钮使其处于使用状态。

单击"对象特性"工具栏中的"图层"按钮 ，弹出"图层特性管理器"对话框，设置图层如图 10-2 所示。

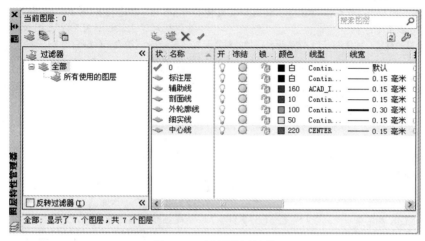

图 10-2　图层设置结果

右击"新建"按钮 ，在弹出的快捷菜单中选择"工具栏"→AutoCAD→"对象捕捉"命令，打开"对象捕捉"工具栏。

（1）绘制图 10-3 所示图形

设置当前图层为"轮廓线"层，绘制建筑物的轮廓。

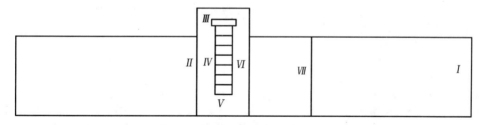

图 10-3　建筑物过程图 1

命令：_rectang（矩形）
指定第一个角点或 [倒角(C)/标高(E)/圆角(F)/厚度(T)/宽度(W)]：
　　　　　　　　　　//在绘图区任意拾取一点作为矩形 I 的左下角点
指定另一个角点或 [面积(A)/尺寸(D)/旋转(R)]：@330,57（按【Enter】键）
　　　　　　　　　　//输入矩形右上角点相对左下角点的相对坐标
命令：_rectang（矩形）
指定第一个角点或 [倒角(C)/标高(E)/圆角(F)/厚度(T)/宽度(W)]：130（按【Enter】键）
　　　　　　　　　　//捕捉矩形 I 的左下角点后沿水平方向向右移动鼠标，出
　　　　　　　　　　现追踪线后输入矩形 II 左下角点的相对距离
指定另一个角点或 [面积(A)/尺寸(D)/旋转(R)]：@38,76（按【Enter】键）
　　　　　　　　　　//输入矩形 II 右上角点的相对坐标

修剪多余线条，调用修剪命令 TRIM。
命令：_trim（修剪）

当前设置:投影=UCS, 边=无

选择剪切边...

选择对象或 <全部选择>: 找到 1 个　　　　　　　//拾取矩形 II

选择对象: (按【Enter】键)　　　　　　　　//拾取剪切边完毕

选择要修剪的对象, 或按住 Shift 键选择要延伸的对象, 或[栏选(F)/窗交(C)/投影(P)/边(E)/

删除(R)/放弃(U)]:　　　　　　　　　　//拾取矩形 I 上边位于矩形 II 之间线条

选择要修剪的对象, 按住 Shift 键选择要延伸的对象, 或 [投影(P)/边(E)/放弃(U)]: (按【Enter】键)

　　　　　　　　　　　　　　　　//结束命令

命令: _rectang (矩形)

指定第一个角点或 [倒角(C)/标高(E)/圆角(F)/厚度(T)/宽度(W)]:

　　　　　　　　　　//在该提示下单击工具栏中的"捕捉自"按钮

指定第一个角点或 [倒角(C)/标高(E)/圆角(F)/厚度(T)/宽度(W)]: _from 基点:

　　　　　　　　　　//拾取矩形 II 左上角点

指定第一个角点或 [倒角(C)/标高(E)/圆角(F)/厚度(T)/宽度(W)]: _from 基点:<偏移>:

@11,-8 (按【Enter】键)　　　//输入矩形 III 左上角点相对矩形 II 左上角点的相对坐标

指定另一个角点或 [尺寸(D)]: @16, -3 (按【Enter】键)

　　　　　　　　　　　　//输入矩形 III 右下角点的相对坐标

命令: _line 指定第一点: 2 (按【Enter】键) //捕捉矩形 III 左下角点后沿水平方向向右移动鼠

　　　　　　　　　　　　　标, 出现追踪线, 输入直线 IV 上端点的相对距离

指定下一点或 [放弃(U)]: 49 (按【Enter】键) //沿垂直方向向下移动鼠标, 出现追踪线输入直

　　　　　　　　　　　　　线 IV 长度

指定下一点或 [放弃(U)]: 12 (按【Enter】键) //沿水平方向向右移动鼠标, 出现追踪线输入直

　　　　　　　　　　　　　线 V 长度

指定下一点或 [闭合(C)/放弃(U)]:49 (按【Enter】键)

　　　　　　　　　//沿垂直方向向上移动鼠标, 出现追踪线输入直线 VI 长度

指定下一点或 [闭合(C)/放弃(U)]: (按【Enter】键)

　　　　　　　　　//结束命令

调用复制命令绘制直线 V 的一组平行线, 步骤如下:

命令: _copy (复制)

选择对象: 找到 1 个　　　　　　　　　//拾取直线 V

选择对象: (按【Enter】键)　　　　　　　//选择对象完毕

指定基点或 [位移(D)/模式(O)] <位移>:　　//拾取要复制的直线的左端点

指定基点或 [位移(D)/模式(O)] <位移>:指定第二个点或 <使用第一个点作为位移>:7(按【Enter】键)

　　　　　　　　　　//沿垂直方向向上移动鼠标, 出现追踪线后, 输入两直线距离

指定第二个点或 [退出(E)/放弃(U)] <退出>: 14 (按【Enter】键)

　　　　　　　　　　　　//保持鼠标方向不变, 输入两直线距离

指定第二个点或 [退出(E)/放弃(U)] <退出>: 21 (按【Enter】键)

　　　　　　　　　　　　//保持鼠标方向不变, 输入两直线距离

指定第二个点或 [退出(E)/放弃(U)] <退出>: 28 (按【Enter】键)

　　　　　　　　　　　　//保持鼠标方向不变, 输入两直线距离

指定第二个点或 [退出(E)/放弃(U)] <退出>: (按【Enter】键)

　　　　　　　　　　　　//保持鼠标方向不变, 输入第五条平行线距离

指定第二个点或 [退出(E)/放弃(U)] <退出>: 42 (按【Enter】键)

　　　　　　　　　　　　//鼠标保持方向不变, 输入两直线距离

指定第二个点或 [退出(E)/放弃(U)] <退出>: (按【Enter】键)　　　　　//结束命令

绘制直线 VII, 步骤如下:

命令: _line 指定第一点: 117 (按【Enter】键)

//捕捉矩形 *I* 右上角点，沿水平方向向左移动鼠标，出现追踪线
后输入直线 *VII* 上端点的相对坐标

指定下一点或 [放弃(U)]:

//沿垂直方向向下移动鼠标，拾取与矩形 *I* 下边的交点即直线 *VII*
的下端点

指定下一点或 [放弃(U)]:（按【Enter】键）   //结束命令

（2）在图 10-3 的基础上绘制图 10-4 所示图形

设置当前图层为"其他"层，绘制建筑物的门窗。

该图形的绘制与图 10-3 中内部图形的绘制方法相同，但尺寸有所不同。图 10-4 中图形的序号与图 10-3 中图形序号无关。以下步骤中提到的图形序号如无特殊强调则为图 10-4 所示图形序号。

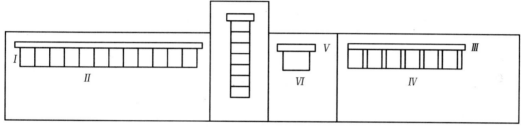

图 10-4　建筑物过程图 2

命令: _rectang（矩形）
指定第一个角点或 [倒角(C)/标高(E)/圆角(F)/厚度(T)/宽度(W)]: _from 基点: <偏移>:
@4.5, -8（按【Enter】键）   //利用"捕捉自"按钮捕捉图 10-3 中矩形 *I* 的左上
角点，输入图 10-4 中矩形 *I* 的左上角点的相对坐标

指定另一个角点或 [面积(A)/尺寸(D)/旋转(R)]: @121, 3（按【Enter】键）
//输入矩形 *I* 另一角点的相对坐标

命令: _line 指定第一点: 6.5（按【Enter】键）//利用捕捉与水平追踪，输入图形 *II* 最左侧直
线上端点与矩形 *I* 左下角点的距离

指定下一点或 [放弃(U)]: 13（按【Enter】键）   //沿垂直方向向下移动鼠标，出现追踪线，
输入图形 *II* 最左侧直线长度

指定下一点或 [放弃(U)]: 108（按【Enter】键）   //沿水平方向向右移动鼠标，出现追踪线，
输入图形 *II* 下方水平直线长度

指定下一点或 [闭合(C)/放弃(U)]: 13（按【Enter】键）//沿垂直方向向上移动鼠标，出现追
踪线，输入图形 *II* 最右侧直线长度

指定下一点或 [闭合(C)/放弃(U)]: （按【Enter】键）//结束命令

命令: _copy（复制）
选择对象: 找到 1 个   //选择图形 *II* 最左侧直线
选择对象:（按【Enter】键）   //选择对象完毕
指定基点: //拾取要复制的直线的任意端点
指定基点或 [位移(D)/模式(O)] <位移>:指定第二个点或 <使用第一个点作为位移>: 9（按【Enter】键）
//沿水平方向向右移动鼠标，出现追踪线，输入两直线距离

指定第二个点或 [退出(E)/放弃(U)] <退出>:18（按【Enter】键）//保持鼠标方向不变，输入距离
指定第二个点或 [退出(E)/放弃(U)] <退出>: 27（按【Enter】键）//保持鼠标方向不变，输入距离
指定第二个点或 [退出(E)/放弃(U)] <退出>: 36（按【Enter】键）//保持鼠标方向不变，输入距离
指定第二个点或 [退出(E)/放弃(U)] <退出>: 45（按【Enter】键）//保持鼠标方向不变，输入距离
指定第二个点或 [退出(E)/放弃(U)] <退出>: 54（按【Enter】键）//保持鼠标方向不变，输入距离
指定第二个点或 [退出(E)/放弃(U)] <退出>: 63（按【Enter】键）//保持鼠标方向不变，输入距离

指定第二个点或 [退出(E)/放弃(U)] <退出>: 72（按【Enter】键）//保持鼠标方向不变，输入距离
指定第二个点或 [退出(E)/放弃(U)] <退出>: 81（按【Enter】键）//保持鼠标方向不变，输入距离
指定第二个点或 [退出(E)/放弃(U)] <退出>: 90（按【Enter】键）//保持鼠标方向不变，输入距离
指定第二个点或 [退出(E)/放弃(U)] <退出>: 99（按【Enter】键）//保持鼠标方向不变，输入距离
指定第二个点或 [退出(E)/放弃(U)] <退出>:（按【Enter】键）　//复制完毕，结束命令

用同绘制矩形 *I* 相同的方法绘制矩形 *III*，步骤如下：

命令：_rectang（矩形）
指定第一个角点或 [倒角(C)/标高(E)/圆角(F)/厚度(T)/宽度(W)]: _from 基点: <偏移>:
@6, -8（按【Enter】键）　　　　　　　//以图 10-3 中直线 *VII* 的上端点为基点，输入图 10-4 中
　　　　　　　　　　　　　　　　　　　　矩形 *III* 的左上角点相对坐标
指定另一个角点或 [面积(A)/尺寸(D)/旋转(R)]: @75, -3（按【Enter】键）
　　　　　　　　　　　　　　　　　　　　　　//输入矩形的另一角点相对坐标

用同绘制图形 *II* 相同的方法绘制图形 *IV*，步骤如下：

命令：_line 指定第一点:　　　　　　　　　　//拾取矩形 *III* 左下角点
指定下一点或 [放弃(U)]: 13（按【Enter】键）　//沿垂直方向向下移动鼠标，输入垂直线长度
指定下一点或 [放弃(U)]: 72（按【Enter】键）　//沿水平方向向右移动鼠标，输入水平线长度
指定下一点或 [闭合(C)/放弃(U)]: 13（按【Enter】键）//沿垂直方向向上移动鼠标，输入直线长度
指定下一点或 [闭合(C)/放弃(U)]:（按【Enter】键）　//结束该命令
命令：_copy（复制）
选择对象: 找到 1 个　　　　　　　　　　　//选择图形 *IV* 最左侧垂直线
选择对象:（按【Enter】键）　　　　　　　//选择对象完毕
指定基点:　　　　　　　　　　　　　　　　//拾取要复制直线的任意端点
指定基点或 [位移(D)/模式(O)] <位移>: 指定第二个点或 <使用第一个点作为位移>: 9（按【Enter】键）
　　　　　　　　　　　　　　　　　　　//沿水平方向向右移动鼠标，输入垂直线距离
指定第二个点或 [退出(E)/放弃(U)] <退出>: 12（按【Enter】键）
　　　　　　　　　　　　　　　　//保持鼠标方向不变，输入两直线距离
指定第二个点或 [退出(E)/放弃(U)] <退出>: 21（按【Enter】键）
　　　　　　　　　　　　　　　　//保持鼠标方向不变，输入两直线距离
指定第二个点或 [退出(E)/放弃(U)] <退出>: 24（按【Enter】键）
　　　　　　　　　　　　　　　　//保持鼠标方向不变，输入两直线距离
指定第二个点或 [退出(E)/放弃(U)] <退出>: 33（按【Enter】键）
　　　　　　　　　　　　　　　　//保持鼠标方向不变，输入两直线距离
指定第二个点或 [退出(E)/放弃(U)] <退出>: 36（按【Enter】键）
　　　　　　　　　　　　　　　　//保持鼠标方向不变，输入两直线距离
指定第二个点或 [退出(E)/放弃(U)] <退出>: 45（按【Enter】键）
　　　　　　　　　　　　　　　　//保持鼠标方向不变，输入两直线距离
指定第二个点或 [退出(E)/放弃(U)] <退出>: 48（按【Enter】键）
　　　　　　　　　　　　　　　　//保持鼠标方向不变，输入两直线距离
指定第二个点或 [退出(E)/放弃(U)] <退出>: 57（按【Enter】键）
　　　　　　　　　　　　　　　　//保持鼠标方向不变，输入两直线距离
指定第二个点或 [退出(E)/放弃(U)] <退出>: 60（按【Enter】键）
　　　　　　　　　　　　　　　　//保持鼠标方向不变，输入两直线距离
指定第二个点或 [退出(E)/放弃(U)] <退出>: 69（按【Enter】键）
　　　　　　　　　　　　　　　　//保持鼠标方向不变，输入两直线距离
指定第二个点或 [退出(E)/放弃(U)] <退出>:（按【Enter】键）　　//结束该命令

用与绘制矩形 *I* 相同的方法绘制矩形 *V*，步骤如下：

命令：_rectang（矩形）

指定第一个角点或 [倒角(C)/标高(E)/圆角(F)/厚度(T)/宽度(W)]：_from 基点：<偏移>：

@6，-8（按【Enter】键）   //以图 10-3 中矩形 I 与图 10-3 中矩形 II 右上方相交点为

               基点，输入图 10-4 中矩形 V 的左上角点相对坐标

指定另一个角点或 [尺寸(D)]：@23，-3（按【Enter】键） //输入矩形另一角点相对坐标

用同绘制图形 II 相同的方法绘制图形 VI，步骤如下：

命令：_line 指定第一点：4（按【Enter】键）   //捕捉矩形 V 的左下角点，沿水平方向向

               右移动鼠标，输入绘制点与捕捉点距离

指定下一点或 [放弃(U)]：13（按【Enter】键）   //沿垂直方向向下移动鼠标，输入垂直线长度

指定下一点或 [放弃(U)]：15（按【Enter】键）   //沿水平方向向右移动鼠标，输入直线长度

指定下一点或 [闭合(C)/放弃(U)]：13（按【Enter】键）   //沿垂直方向向上移动鼠标，输入

               直线长度

指定下一点或 [闭合(C)/放弃(U)]：（按【Enter】键）   //结束该命令

（3）在图 10-4 的基础上绘制图 10-5 所示图形

图 10-5 中图形的序号与图 10-4 中图形序号无关。以下步骤中提到的图形序号如无特殊强调则为图 10-5 所示图形序号。

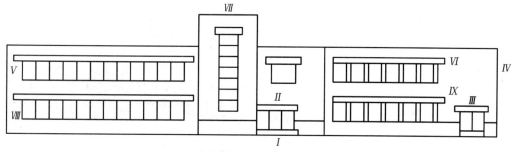

图 10-5 建筑物过程图 3

① 绘制矩形 I、II 及中间的垂直线。

命令：_rectang（矩形）

指定第一个角点或 [倒角(C)/标高(E)/圆角(F)/厚度(T)/宽度(W)]：

               //拾取矩形 VIII 右下角点作为矩形 I 的左下角点

指定另一个角点或 [面积(A)/尺寸(D)/旋转(R)]：@27，3（按【Enter】键）

               //输入矩形 I 另一角点的相对坐标

命令：_copy（复制）

选择对象：   //选择矩形 I

找到 1 个

选择对象：（按【Enter】键）   //选择对象完毕

指定基点或 [位移(D)/模式(O)]<位移>：指定第二个点或 <使用第一个点作为位移>：15（按【Enter】键）

               //沿垂直方向向上移动鼠标，出现追踪线，输入

               矩形 II 与矩形 I 的距离

命令：_line 指定第一点：3（按【Enter】键）

               //捕捉矩形 I 的右上角点，沿水平方向向左移动

               鼠标出现追踪线，输入直线下端点相对距离

指定下一点或 [放弃(U)]：   //沿垂直方向向上移动鼠标到矩形 II 下边交点，

               拾取该点

指定下一点或 [放弃(U)]：（按【Enter】键）   //结束命令

命令：_copy（复制）

选择对象：　　　　　　　　　　　　　　//选择刚刚绘制的垂直线

找到 1 个

选择对象：（按【Enter】键）　　　　　//选择对象完毕

指定基点：　　　　　　　　　　　　　　//拾取要复制直线的任意端点

指定基点或 [位移(D)/模式(O)] <位移>：指定第二个点或 <使用第一个点作为位移>：8（按

【Enter】键）

　　　　　　　　　　　　　　　　　　//沿水平方向向左移动鼠标，出现追踪线，输入
　　　　　　　　　　　　　　　　　　　两直线距离

指定第二个点或 [退出(E)/放弃(U)] <退出>：16（按【Enter】键）

　　　　　　　　　　　　　　　　　　//保持鼠标方向不变，输入两直线距离

指定第艺工作者二个点或 [退出(E)/放弃(U)] <退出>：（按【Enter】键）　//结束命令

② 绘制图形 *III*。

命令：_rectang（矩形）

指定第一个角点或 [倒角(C)/标高(E)/圆角(F)/厚度(T)/宽度(W)]：_from 基点：_from 基

点：<偏移>：@-28,18（按【Enter】键）　　//利用"捕捉自"按钮，以矩形 *IV* 右下角点

　　　　　　　　　　　　　　　　　　　为基点，输入图形 *III* 中矩形左上角点相对基
　　　　　　　　　　　　　　　　　　　点的相对坐标

指定另一个角点或 [面积(A)/尺寸(D)/旋转(R)]：@22，-3（按【Enter】键）

　　　　　　　　　　　　　　　　　　//输入图形 *III* 中矩形另一角点的相对坐标

命令：_line 指定第一点：9（按【Enter】键）//捕捉矩形 *IV* 右下角点，沿水平方向向左追

　　　　　　　　　　　　　　　　　　　踪，输入直线下端点与捕捉点的距离

指定下一点或 [放弃(U)]：　　　　　　//沿垂直方向向上移动鼠标至图形 *III* 中矩形下

　　　　　　　　　　　　　　　　　　　边交点，拾取该点

指定下一点或 [放弃(U)]：（按【Enter】键）//结束命令

命令：_copy（复制）

选择对象：找到 1 个　　　　　　　　//选择刚刚绘制的直线

选择对象：（按【Enter】键）　　　　　//选择对象完毕

指定基点或位移，或者 [重复(M)]：　　//拾取要复制直线的任意端点

指定基点或 [位移(D)/模式(O)] <位移>：指定第二个点或 <使用第一个点作为位移>：16（按【Enter】键）

　　　　　　　　　　　　　　　　　　//沿水平方向向左移动鼠标，出现追踪线，输入
　　　　　　　　　　　　　　　　　　　两直线距离

命令：_line 指定第一点：　　　　　　//捕捉矩形 *I* 右上角点，沿水平方向向右移动鼠标

　　　　　　　　　　　　　　　　　　　至图形 *III* 左侧垂直线，出现交点提示，拾取该点

指定下一点或 [放弃(U)]：　　　　　　//沿水平方向向右移动鼠标至图形 *III* 右侧垂直

　　　　　　　　　　　　　　　　　　　线，出现交点提示，拾取该点

指定下一点或 [放弃(U)]：（按【Enter】键）//图形 *III* 中水平线绘制完毕

命令：_line 指定第一点：　　　　　　//拾取刚绘制水平线的中点（中点捕捉可随时设置）

指定下一点或 [放弃(U)]：　　　　　　//沿垂直方向向上移动鼠标到图形 *III* 中矩形下

　　　　　　　　　　　　　　　　　　　边中点，拾取该点

指定下一点或 [放弃(U)]：（按【Enter】键）//图形 *III* 绘制完毕，结束命令

③ 复制图形 *V*、*VI* 得到图形 *VIII*、*IX*。

命令：_copy

选择对象：指定对角点：找到 15 个

选择对象：

当前设置：　复制模式 = 多个　　　　//选择图形 *V*

选择对象：（按【Enter】键）　　　　　//选择图形完毕，任意拾取一点

定基点或 [位移(D)/模式(O)] <位移>：指定第二个点或 <使用第一个点作为位移>：25（按

【Enter】键）

　　　　　　　　　　　　　　　//沿垂直方向向下移动鼠标，出现追踪线，输入
　　　　　　　　　　　　　　　图形 *Ⅷ* 与图形 *Ⅴ* 距离
命令：_copy（复制）
选择对象：指定对角点：找到 15 个　　　　　//选择图形 *Ⅵ*
选择对象：（按【Enter】键）　　　　　　　//任意拾取一点
指定位移的第二点或 <用第一点作位移>：25（按【Enter】键）
　　　　　　　　　　　　　　　//沿垂直方向向下移动鼠标，出现追踪线，输入
　　　　　　　　　　　　　　　图形 *Ⅸ* 与图形 *Ⅵ* 距离

最后利用直线命令绘制图中水平线，利用修剪命令，将直线修剪成图 10-5 所示样式。

3．练习

利用复制命令、修剪命令绘制图 10-6 所示图形。

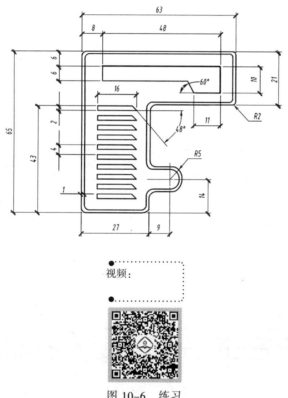

视频：

图 10-6　练习

实训十一 | 利用偏移命令绘制图形

一、实训目的和要求

- 熟练掌握偏移命令的应用；
- 熟练掌握镜像命令的应用。

二、实训内容

绘制图 11-1 所示的钢桁梁设计轮廓图。

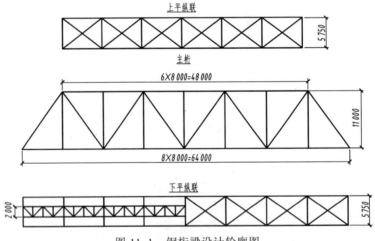

图 11-1　钢桁梁设计轮廓图

三、相关命令

本实训主要用到的 AutoCAD 2014 命令：直线（Line）简易命令[L]、矩形（Rectang）简易命令[Rec]、复制（Copy）简易命令[Co]、偏移（Offset）简易命令[O]、镜像（Mirror）简易命令[Mi]。主要用到的按钮：状态栏中的"极轴追踪"【F10】按钮、"对象捕捉追踪"【F11】按钮、"对象捕捉"【F3】按钮。

四、上机过程

1．启动 AutoCAD 2014 并新建图形文件

具体操作参见实训一。

2．绘制图形

由于钢桁梁设计轮廓图的实际尺寸太大，如果以实际尺寸绘制图形，图形的绘制过程很麻烦，因此可以缩小比例绘制图 11-1。本实训中该图形的绘制尺寸为实际尺寸的 1/200，以下步骤中所用到的数值均为缩小后的尺寸。设置对象捕捉模式为"端点""中点""交点"，单击状态栏中的"极轴追踪""对象捕捉追踪""对象捕捉"按钮，使其处于使用状态。

单击"图层"工具栏中的"图层特性"按钮，弹出"图层特性管理器"对话框，设置图层如图 11-2 所示。

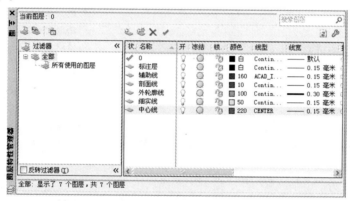

图 11-2　图层设置结果

（1）绘制主桁

设置当前图层为"主桁"层，绘制主桁。

命令：_line 指定第一点：	//任意拾取一点，作为主桁底边的左端点
指定下一点或 [放弃(U)]：320（按【Enter】键）	//沿水平方向向右移动鼠标，输入底边长度 320
指定下一点或 [放弃(U)]：（按【Enter】键）	//结束命令
命令：_line 指定第一点：40（按【Enter】键）	//捕捉底边左端点后沿水平方向向右移动鼠标，输入最左侧垂直线下端点距底边左端点的距离 40
指定下一点或 [放弃(U)]：55（按【Enter】键）	//沿垂直方向向上移动鼠标，输入最左侧垂直线长度 55
指定下一点或 [放弃(U)]：240（按【Enter】键）	//沿水平方向向右移动鼠标，输入主桁上边长 240
指定下一点或 [闭合(C)/放弃(U)]：	//拾取主桁下边右端点
指定下一点或 [闭合(C)/放弃(U)]：（按【Enter】键）	//结束命令
命令：_offset	
当前设置：删除源=否　图层=源　OFFSETGAPTYPE=0	
指定偏移距离或 [通过(T)/删除(E)/图层(L)] <通过>：40（按【Enter】键）	//输入垂直线之间间距
选择要偏移的对象，或 [退出(E)/放弃(U)] <退出>：	//选择已绘制的最左侧垂直线
指定要偏移的那一侧上的点，或 [退出(E)/多个(M)/放弃(U)] <退出>：	//拾取选择线右侧任意一点
选择要偏移的对象，或 [退出(E)/放弃(U)] <退出>：	//选择刚刚偏移的垂直线
指定要偏移的那一侧上的点，或 [退出(E)/多个(M)/放弃(U)] <退出>：	

　　　　　　　　　　　　　　　　　　　　　　　　　　//拾取选择线右侧任意一点
选择要偏移的对象，或 [退出(E)/放弃(U)] <退出>：　　　　　//选择刚刚偏移的垂直线
指定要偏移的那一侧上的点，或 [退出(E)/多个(M)/放弃(U)] <退出>：
　　　　　　　　　　　　　　　　　　　　　　　　　　//拾取选择线右侧任意一点
选择要偏移的对象，或 [退出(E)/放弃(U)] <退出>：　　　　　//选择刚刚偏移的垂直线
指定要偏移的那一侧上的点，或 [退出(E)/多个(M)/放弃(U)] <退出>：
　　　　　　　　　　　　　　　　　　　　　　　　　　//拾取选择线右侧任意一点
选择要偏移的对象，或 [退出(E)/放弃(U)] <退出>：　　　　　//选择刚刚偏移的垂直线
指定要偏移的那一侧上的点，或 [退出(E)/多个(M)/放弃(U)] <退出>：
　　　　　　　　　　　　　　　　　　　　　　　　　　//拾取选择线右侧任意一点
选择要偏移的对象，或 [退出(E)/放弃(U)] <退出>：　　　　　//选择刚刚偏移的垂直线
指定要偏移的那一侧上的点，或 [退出(E)/多个(M)/放弃(U)] <退出>：
　　　　　　　　　　　　　　　　　　　　　　　　　　//拾取选择线右侧任意一点

结束命令。
命令：_line 指定第一点：　　　　　　　　　　　　　　//拾取右侧斜线上端点
指定下一点或 [放弃(U)]：　　　　　　　　　　　　　//拾取右侧第二条垂直线下端点
指定下一点或 [放弃(U)]：　　　　　　　　　　　　　//拾取右侧第三条垂直线上端点
指定下一点或 [放弃(U)]：　　　　　　　　　　　　　//拾取右侧第四条垂直线下端点
指定下一点或 [放弃(U)]：　　　　　　　　　　　　　//拾取右侧第五条垂直线上端点
指定下一点或 [放弃(U)]：　　　　　　　　　　　　　//拾取右侧第六条垂直线下端点
指定下一点或 [放弃(U)]：　　　　　　　　　　　　　//拾取右侧第七条垂直线上端点
指定下一点或 [放弃(U)]：　　　　　　　　　　　　　//拾取底边左端点
指定下一点或 [闭合(C)/放弃(U)]：（按【Enter】键）　//结束命令

（2）绘制上平纵联

设置当前图层为"上平纵联"层，绘制上平纵联。
命令：_line 指定第一点：　　　　　　　　　　//捕捉主桁最左侧垂直线上端点，沿垂直方
　　　　　　　　　　　　　　　　　　　　　　　　向向上移动鼠标至适当位置拾取一点
指定下一点或 [放弃(U)]：28.75（按【Enter】键）//沿垂直方向向上移动鼠标，输入上平纵
　　　　　　　　　　　　　　　　　　　　　　　　联垂直线长度
指定下一点或 [放弃(U)]：240（按【Enter】键）　//沿水平方向向右移动鼠标，输入上平纵
　　　　　　　　　　　　　　　　　　　　　　　　联水平线长度
指定下一点或 [闭合(C)/放弃(U)]：28.75（按【Enter】键）
　　　　　　　　　　　　　　　　　　　　　　//沿垂直方向向下移动鼠标，输入上平纵
　　　　　　　　　　　　　　　　　　　　　　　　联垂直线长度
指定下一点或 [闭合(C)/放弃(U)]：c（按【Enter】键）　//闭合图形
命令：_offset（偏移）
当前设置：删除源=否　图层=源　OFFSETGAPTYPE=0
指定偏移距离或 [通过(T)] <40.0000>：（按【Enter】键）//确认默认间距 40
选择要偏移的对象，或 [退出(E)/放弃(U)] <退出>：　　//选择左侧垂直线
指定点以确定偏移所在一侧：　　　　　　　　　　　　//在选择线右侧拾取一点
选择要偏移的对象，或 [退出(E)/放弃(U)] <退出>：　　//选择偏移出的直线
指定点以确定偏移所在一侧：　　　　　　　　　　　　//在选择线右侧拾取一点
选择要偏移的对象，或 [退出(E)/放弃(U)] <退出>：　　//选择最新偏移出的垂直线
指定点以确定偏移所在一侧：　　　　　　　　　　　　//在选择线右侧拾取一点
选择要偏移的对象，或 [退出(E)/放弃(U)] <退出>：　　//选择最新偏移出的垂直线
指定点以确定偏移所在一侧：　　　　　　　　　　　　//在选择线右侧拾取一点
选择要偏移的对象，或 [退出(E)/放弃(U)] <退出>：　　//选择最新偏移出的垂直线
指定点以确定偏移所在一侧：　　　　　　　　　　　　//在选择线右侧拾取一点

选择要偏移的对象，或［退出(E)/放弃(U)］＜退出＞:（按【Enter】键）　　//结束命令

调用直线命令，连接对角点如图11-1所示。

（3）绘制下平纵联

设置当前图层为"下平纵联"层，绘制下平纵联。

首先绘制图形如图11-3所示，其绘制方法与绘制上平纵联的方法相同。在图11-3所示的基础上继续绘制下平纵联的步骤如下：

图11-3　过程图1

命令：_line 指定第一点：5（按【Enter】键）//捕捉左侧垂直线中点，沿垂直方向向上移动鼠
　　　　　　　　　　　　　　　　　　　标，输入水平线左端点与垂直线中点距离

指定下一点或［放弃(U)］:　　　　　　　　//沿水平方向向右移动鼠标至第五条垂直线，出
　　　　　　　　　　　　　　　　　　　现交点提示，拾取该点

指定下一点或［放弃(U)］:（按【Enter】键）　　　　　　//结束命令

命令：_offset（偏移）

当前设置：删除源=否　图层=源　OFFSETGAPTYPE=0

指定偏移距离或［通过(T)］＜40.0000＞: 10（按【Enter】键）　//输入水平线间距

选择要偏移的对象，或［退出(E)/放弃(U)］＜退出＞:　　　　//选择刚绘制的水平线

指定要偏移的那一侧上的点，或［退出(E)/多个(M)/放弃(U)］＜退出＞:
　　　　　　　　　　　　　　　　　　　//在选择线下方拾取一点

选择要偏移的对象，或［退出(E)/放弃(U)］＜退出＞:（按【Enter】键）　　　　//结束命令

命令：_line 指定第一点：10（按【Enter】键）　　//捕捉水平线左端点后沿水平方向向右移动鼠
　　　　　　　　　　　　　　　　　　　标，输入小垂直线端点与水平线左端点距离

指定下一点或［放弃(U)］:　　　　　　　　//沿垂直方向移动鼠标到另一水平线，出现
　　　　　　　　　　　　　　　　　　　交点提示，拾取该点

指定下一点或［放弃(U)］:（按【Enter】键）　　//结束命令

命令：_offset（偏移）

当前设置：删除源=否　图层=源　OFFSETGAPTYPE=0

指定偏移距离或［通过(T)］＜10.0000＞:（按【Enter】键）//输入小垂直线间距，由于默认为
　　　　　　　　　　　　　　　　　　　10，因此直接按【Enter】键确认

选择要偏移的对象，或［退出(E)/放弃(U)］＜退出＞:　　//选择已绘制的小垂直线

指定要偏移的那一侧上的点，或［退出(E)/多个(M)/放弃(U)］＜退出＞:
　　　　　　　　　　　　　　　　　　　//在选择线右侧拾取一点

选择要偏移的对象，或［退出(E)/放弃(U)］＜退出＞:　　//选择偏移出的垂直线

指定要偏移的那一侧上的点，或［退出(E)/多个(M)/放弃(U)］＜退出＞:
　　　　　　　　　　　　　　　　　　　//在选择线右侧拾取一点

选择要偏移的对象，或［退出(E)/放弃(U)］＜退出＞:（按【Enter】键）　　　　//结束命令

调用直线命令，连接垂直对角点如图11-4所示。将图11-4所示的三条小垂直线及连接它们的斜线复制，调用复制命令，步骤如下：

命令：_copy（复制）

选择对象：指定对角点：找到 7 个

选择对象：

当前设置：复制模式 = 多个　　　　　　　　//选择三条小垂直线及连接它们的斜线

选择对象：（按【Enter】键）　　　　　　　　//选择对象完毕

任意拾取一点

指定基点或 [位移(D)/模式(O)] <位移>：指定第二个点或 <使用第一个点作为位移>：40（按【Enter】键）
　　　　　　　　　　　　　　　　　　　　　　　　　　//沿水平方向向右移动鼠标，输入距离

指定第二个点或 [退出(E)/放弃(U)] <退出>：80（按【Enter】键）　//保持鼠标追踪方向不
　　　　　　　　　　　　　　　　　　　　　　　　　　　　　　变，输入距离

指定第二个点或 [退出(E)/放弃(U)] <退出>：120（按【Enter】键）//保持鼠标追踪方向不
　　　　　　　　　　　　　　　　　　　　　　　　　　　　　　变，输入距离

指定第二个点或 [退出(E)/放弃(U)] <退出>：（按【Enter】键）　　　//结束命令

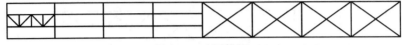

图 11-4　过程图 2

3.　练习

利用镜像、偏移命令绘制图 11-5 所示图形。

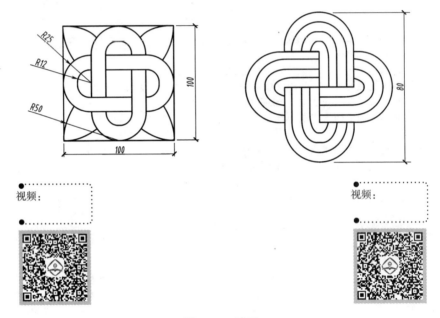

图 11-5　练习

实训十二 ｜ 利用阵列命令绘制图形

一、实训目的和要求

熟练掌握阵列命令的应用。

二、实训内容

绘制图 12-1 所示的房屋建筑设计图。

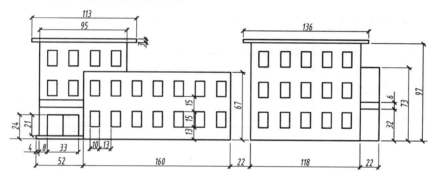

图 12-1 房屋建筑设计图

三、相关命令

本实训主要用到的 AutoCAD 2014 命令：直线（Line）简易命令[L]、矩形（Rectang）简易命令[Rec]、复制（Copy）简易命令[Co]、偏移（Offset）简易命令[O]、阵列（Array）简易命令[Ar]。主要用到的按钮：状态栏中的"极轴追踪"【F10】按钮、"对象捕捉追踪"【F11】按钮、"对象捕捉"【F3】按钮。主要用到"草图设置"对话框和"阵列"对话框。

四、上机过程

1. 启动 AutoCAD 2014 并新建图形文件

具体操作参见实训一。

2. 绘制图形

设置对象捕捉模式为"端点""中点""交点"（捕捉模式的设置可在绘图过程中进行），单击状态栏中的"极轴追踪""对象捕捉追踪""对象捕捉"按钮使其处于使用状态。

单击"图层"工具栏中的"图层特性"按钮 ，弹出"图层特性管理器"对话框，设置图层如图 12-2 所示。

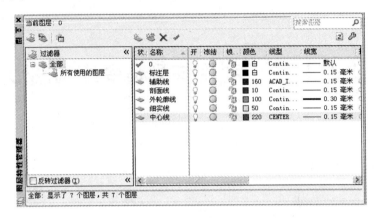

图 12-2　图层设置结果

（1）绘制图 12-3 所示的图形

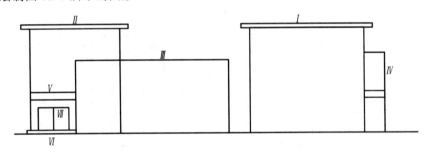

图 12-3　过程图 1

设置当前图层为"轮廓线"层，绘制建筑物的轮廓。

首先绘制地平线，根据地平线绘制图形 *I* 的右侧垂直线，利用偏移命令绘制图形 *I* 的另一条垂直线及图形 *II* 的与之等高的垂直线。调用矩形命令绘制垂直线上面的矩形。

命令：_line 指定第一点：	//任意拾取一点作为地平线左端点
指定下一点或 [放弃(U)]：420（按【Enter】键）	//沿水平方向向右移动鼠标，输入地平线长度 420，地平线长度要求两侧超出房屋图，超出多少不确定
指定下一点或 [放弃(U)]：（按【Enter】键）	//结束命令
命令：_line 指定第一点：55（按【Enter】键）	//捕捉地平线右端点，沿水平方向向左移动鼠标，输入图形 *I* 右侧垂直线下端点与捕捉点距离（该数值不得小于 22）
指定下一点或 [放弃(U)]：97（按【Enter】键）	//沿垂直方向向上移动鼠标，输入图形 *I* 右侧垂直线长度
指定下一点或 [放弃(U)]：（按【Enter】键）	//结束命令
命令：_offset（偏移）	
当前设置：删除源=否　图层=源　OFFSETGAPTYPE=0	
指定偏移距离或 [通过(T)/删除(E)/图层(L)] <通过>：118（按【Enter】键）	

　　　　　　　　　　　　　　　　　　　　　　　　//输入图形 *I* 两垂直线距离

选择要偏移的对象，或 [退出(E)/放弃(U)] <退出>：　　　　　//选择已绘制垂直线

指定要偏移的那一侧上的点，或 [退出(E)/多个(M)/放弃(U)] <退出>：//拾取选择线左侧一点

选择要偏移的对象，或 [退出(E)/放弃(U)] <退出>：（按【Enter】键）　　//结束命令

命令：_offset（偏移）

当前设置：删除源=否　图层=源　OFFSETGAPTYPE=0

指定偏移距离或 [通过(T)/删除(E)/图层(L)] <118.0000>：230（按【Enter】键）

　　　　　　　　　　　　//输入图形 *II* 左侧垂直线与图形 *I* 左侧垂直线距离

选择要偏移的对象，或 [退出(E)/放弃(U)] <退出>：　　　　//选择图形 *I* 左侧垂直线

指定要偏移的那一侧上的点，或 [退出(E)/多个(M)/放弃(U)] <退出>：

　　　　　　　　　　　　　　　　　　　　　//拾取选择线左侧一点

选择要偏移的对象，或 [退出(E)/放弃(U)] <退出>：（按【Enter】键）//结束命令

命令：_offset（偏移）

当前设置：删除源=否　图层=源　OFFSETGAPTYPE=0

指定偏移距离或 [通过(T)/删除(E)/图层(L)] <230.0000>：　95（按【Enter】键）

　　　　　　　　　　　　　　　　　　　　//输入图形 *II* 两垂直线距离

选择要偏移的对象，或 [退出(E)/放弃(U)] <退出>：　　　　　//选择图形 *II* 左侧垂直线

指定要偏移的那一侧上的点，或 [退出(E)/多个(M)/放弃(U)] <退出>://在选择线右侧拾取一点

选择要偏移的对象，或 [退出(E)/放弃(U)] <退出>：（按【Enter】键）//结束命令

命令：_rectang（矩形）

指定第一个角点或 [倒角(C)/标高(E)/圆角(F)/厚度(T)/宽度(W)]：9（按【Enter】键）

　　　　　　　　　　　　//捕捉图形 *I* 左侧垂直线上端点，沿水平方向向左移

　　　　　　　　　　　　动鼠标，输入矩形角点与捕捉点距离

指定另一个角点或 [面积(A)/尺寸(D)/旋转(R)]：@136, 3（按【Enter】键）

　　　　　　　　　　　　//输入矩形另一角点相对坐标

命令：_rectang（矩形）

指定第一个角点或 [倒角(C)/标高(E)/圆角(F)/厚度(T)/宽度(W)]：9（按【Enter】键）

　　　　　　　　　　　　//捕捉图形 *II* 左侧垂直线上端点，沿水平方向向左移

　　　　　　　　　　　　动鼠标，输入矩形角点与捕捉点距离

指定另一个角点或 [面积(A)/尺寸(D)/旋转(R)]：@113, 3（按【Enter】键）

　　　　　　　　　　　　//输入矩形另一角点相对坐标

命令：_line 指定第一点：22（按【Enter】键）

　　　　　　　　　　　　//捕捉图形 *I* 左侧垂直线下端点，沿水平方向向左移

　　　　　　　　　　　　动鼠标，输入图形 *III* 右侧垂直线下端点与捕捉点距离

指定下一点或 [放弃(U)]：67（按【Enter】键）　　　　//沿垂直方向向上移动鼠标，输入图形 *III*

　　　　　　　　　　　　右侧垂直线长度

指定下一点或 [放弃(U)]：160（按【Enter】键）　　　//沿水平方向向左移动鼠标，输入图形 *III*

　　　　　　　　　　　　水平线长度

指定下一点或 [闭合(C)/放弃(U)]：　　　　　　　　//沿垂直方向向下移动鼠标至地平线，出

　　　　　　　　　　　　现交点提示，拾取该点

指定下一点或 [闭合(C)/放弃(U)]：（按【Enter】键）　　//结束命令

命令：_line 指定第一点：22（按【Enter】键）　//捕捉图形 *I* 右侧垂直线下端点，沿水平方向向

　　　　　　　　　　　　右移动鼠标，输入图形 *IV* 垂直线下端点与捕捉点距离

指定下一点或 [放弃(U)]：73（按【Enter】键）　//沿垂直方向向上移动鼠标，输入图形 *IV* 垂直线长度

指定下一点或 [放弃(U)]：

　　　　　　　　　　　　//沿水平方向向左移动鼠标至图形 *I* 右侧垂直

　　　　　　　　　　　　线，出现交点提示，拾取该点

指定下一点或 [闭合(C)/放弃(U)]：（按【Enter】键）　　　//结束命令

命令：_line 指定第一点：32（按【Enter】键）　//捕捉图形Ⅳ垂直线下端点，沿垂直方向向上移
　　　　　　　　　　　　　　　　　　　　　　　　　　动鼠标，输入图形Ⅳ水平线右端点与捕捉点距离

指定下一点或 [放弃(U)]：　　　　　　　　　　//沿水平方向向左移动鼠标至图形Ⅰ右侧垂直
　　　　　　　　　　　　　　　　　　　　　　　　　　线，出现交点提示，拾取该点

指定下一点或 [放弃(U)]：（按【Enter】键）//结束命令
命令：_offset（偏移）
当前设置：删除源=否　图层=源　OFFSETGAPTYPE=0
指定偏移距离或 [通过(T)/删除(E)/图层(L)] <95.0000>：6（按【Enter】键）
　　　　　　　　　　　　　　　　　　　　　　　　//输入图形Ⅳ两水平线间距
选择要偏移的对象，或 [退出(E)/放弃(U)] <退出>：　　//选择已绘制水平线
指定要偏移的那一侧上的点，或 [退出(E)/多个(M)/放弃(U)] <退出>：
　　　　　　　　　　　　　　　　　　　　　　　　//在选择线上方拾取一点
选择要偏移的对象，或 [退出(E)/放弃(U)] <退出>：（按【Enter】键）//结束命令
命令：_line 指定第一点：　　　　　　　　　//捕捉图形Ⅳ水平线端点，沿水平方向向左移动鼠标
　　　　　　　　　　　　　　　　　　　　　　　　至图形Ⅲ左侧垂直线，出现交点提示，拾取该点
指定下一点或 [放弃(U)]：　　　　　　　　　//沿水平方向向左移动鼠标至图形Ⅱ左侧垂直线，出
　　　　　　　　　　　　　　　　　　　　　　　　现交点提示，拾取该点
指定下一点或 [放弃(U)]：（按【Enter】键）//结束命令
命令：_line 指定第一点：　　　　　　　　　//捕捉图形Ⅳ另一水平线端点，沿水平方向向左移动
　　　　　　　　　　　　　　　　　　　　　　　　鼠标至图形Ⅲ左侧垂直线，出现交点提示，拾取该点
指定下一点或 [放弃(U)]：　　　　　　　　　//沿水平方向向左移动鼠标至图形Ⅱ左侧垂直线，出
　　　　　　　　　　　　　　　　　　　　　　　　现交点提示，拾取该点
指定下一点或 [放弃(U)]：（按【Enter】键）　//结束命令
命令：_line 指定第一点：4（按【Enter】键）//捕捉图形Ⅱ左侧垂直线下端点，沿水平方向向
　　　　　　　　　　　　　　　　　　　　　　　　左移动鼠标，输入图形Ⅵ垂直线下端点与捕捉点距离
指定下一点或 [放弃(U)]：3（按【Enter】键）//沿垂直方向向上移动鼠标，输入图形Ⅵ垂直线长度
指定下一点或 [放弃(U)]：　　　　　　　　　//沿水平方向向右移动鼠标至图形Ⅲ左侧垂直
　　　　　　　　　　　　　　　　　　　　　　　　线出现交点提示，拾取该点
指定下一点或 [闭合(C)/放弃(U)]：（按【Enter】键）　　　　　//结束命令
命令：_line 指定第一点：12（按【Enter】键）//捕捉图形Ⅵ垂直线上端点，沿水平方向向右移动
　　　　　　　　　　　　　　　　　　　　　　　　鼠标，输入图形Ⅶ左侧垂直线下端点与捕捉点距离
指定下一点或 [放弃(U)]：21（按【Enter】键）//沿垂直方向向上移动鼠标，输入图形Ⅶ左侧
　　　　　　　　　　　　　　　　　　　　　　　　垂直线长度
指定下一点或 [放弃(U)]：33（按【Enter】键）//沿水平方向向右移动鼠标，输入图形Ⅶ水平线长度
指定下一点或 [闭合(C)/放弃(U)]：　　　　　//沿垂直方向向下移动鼠标至图形Ⅵ水平线，出现
　　　　　　　　　　　　　　　　　　　　　　　　交点提示，拾取该点
指定下一点或 [闭合(C)/放弃(U)]：（按【Enter】键）　　　　　//结束命令
命令：_line 指定第一点：　　　　　　　　　//拾取图形Ⅶ水平线中点
指定下一点或 [放弃(U)]：　　　　　　　　　//沿垂直方向向下移动鼠标至图形Ⅵ水平线，出现
　　　　　　　　　　　　　　　　　　　　　　　　交点提示，拾取该点
指定下一点或 [放弃(U)]：（按【Enter】键）　　　　　//结束命令

（2）绘制图 12-4 所示图形

设置当前图层为"其他"层，绘制建筑物的窗户。

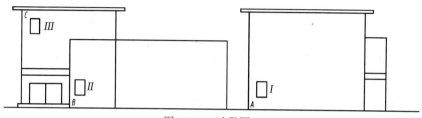

图 12-4　过程图 2

图 12-4 中序号与图 12-3 所示图形序号无关，以下步骤中序号如无特殊说明，均为图 12-4 中序号。调用矩形命令绘制矩形 *I*，单击"捕捉自"按钮 ，以点 *A* 为基点确定矩形 *I* 的左下角点；以点 *B* 为基点确定矩形 *II* 的左下角点；以点 *C* 为基点确定矩形 *III* 的左上角点。

命令：_rectang（矩形）
指定第一个角点或 [倒角(C)/标高(E)/圆角(F)/厚度(T)/宽度(W)]：_from 基点：<偏移>：
@8,13（按【Enter】键） 　　　　　　　　　//单击"捕捉自"按钮 ，拾取点 *A*，输入矩形 *I* 的
　　　　　　　　　　　　　　　　　　　　　左下角点对点 *A* 的相对坐标

定另一个角点或 [面积(A)/尺寸(D)/旋转(R)]：@10,15（按【Enter】键）
　　　　　　　　　　　　　　　　　　　　　//输入矩形 *I* 的另一角点相对坐标

命令：_copy（复制）
选择对象：找到 1 个
选择对象：
当前设置：复制模式 = 多个 　　　　　　　//选择矩形 *I*
选择对象：（按【Enter】键） 　　　　　　　//选择对象完毕
指定基点或 [位移(D)/模式(O)] <位移>：指定第二个点或 <使用第一个点作为位移>：_from 基点：<偏移>：@6,13（按【Enter】键）

　　　　　　　　　　　　　　　　　　　　　//单击"捕捉自"按钮 ，拾取点 *B*，输入矩形 *II*
　　　　　　　　　　　　　　　　　　　　　的左下角点对点 *B* 的相对坐标

命令：_copy
选择对象：找到 1 个
选择对象：
当前设置：复制模式 = 多个 　　　　　　　//选择矩形 *I* 或矩形 *II*
选择对象：（按【Enter】键） 　　　　　　　//选择对象完毕
指定基点或 [位移(D)/模式(O)] <位移>：指定第二个点或 <使用第一个点作为位移>：_from 基点：<偏移>：@8,-9（按【Enter】键） 　　//单击"捕捉自"按钮 ，拾取点 *C*，输入矩形 *III*
　　　　　　　　　　　　　　　　　　　　　的左上角点对点 *C* 的相对坐标

（3）调用阵列命令绘制其他矩形

单击"修改"面板中的"阵列"按钮，选中要做阵列的图形 *I*，按【Enter】键或右击确认，打开图 12-5 所示"阵列创建"选项卡，在"行数"文本框中输入 3，在"列数"文本框中输入 5，在"行介于"文本框中输入 30，在"列介于"文本框中输入 23，单击"关闭阵列"按钮，阵列完毕。

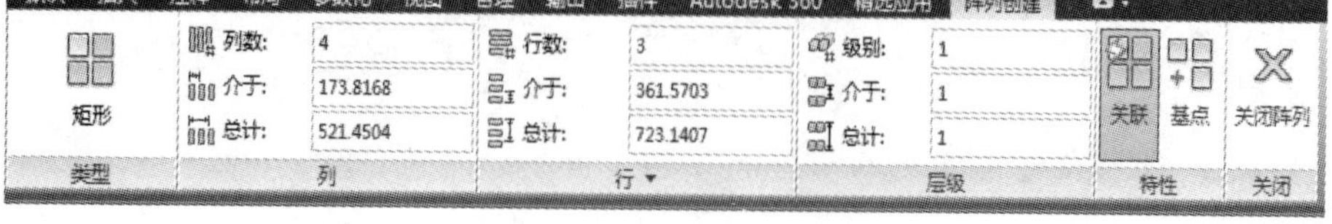

	默认	插入	注释	布局	参数化	视图	管理	输出	插件	Autodesk 360	精选应用	阵列创建			
	列数：	4		行数：	3		级别：	1				
矩形	介于：	173.8168		介于：	361.5703		介于：	1		关联	基点	关闭阵列
	总计：	521.4504		总计：	723.1407		总计：	1				
类型	列		行 ▼		层级		特性		关闭		

图 12-5　"阵列创建"选项卡

再次单击"修改"面板中的"阵列"按钮，选中要做阵列的图形 II，按【Enter】键或右击确认，打开图 12-5 所示"阵列创建"选项卡，在"行数"文本框中输入 2，在"列数"文本框中输入 7，在"行介于"文本框中输入 30，在"列介于"文本框中输入 23，单击"关闭阵列"按钮，阵列完毕。删除上排左侧两个矩形。

再次单击"修改"工具栏中的"阵列"按钮，选中要做阵列的图形 III，按【Enter】键或右击确认，打开图 12-5 所示"阵列创建"选项卡，在"行数"文本框中输入 2，在"列数"文本框中输入 4，在"行介于"文本框中输入-30，在"列介于"文本框中输入 23，单击"关闭阵列"按钮，阵列完毕。

3. 练习

利用阵列命令绘制图 12-6 所示的图形。

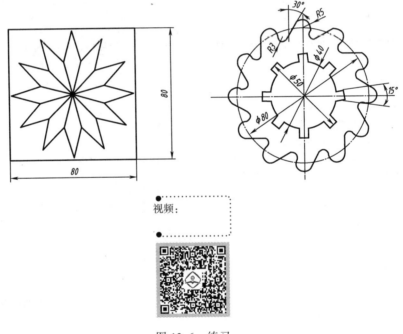

视频：

图 12-6   练习

实训十三 | 绘制图形的剖面线

一、实训目的和要求

- 熟练掌握剖面线的绘制方法；
- 熟练掌握图层的设置方法；
- 熟练掌握图层的应用方法。

二、实训内容

绘制图 13-1 所示的空心桥墩图。

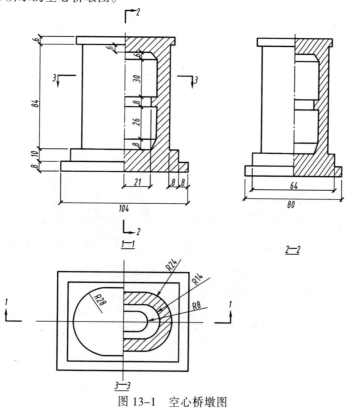

图 13-1　空心桥墩图

三、相关命令

本实训主要用到的 AutoCAD 2014 命令：直线（Line）简易命令[L]、矩形（Rectang）简易命令[Rec]、复制（Copy）简易命令[Co]、偏移（Offset）简易命令[O]、镜像（Mirror）简易命令[Mi]。主要用到的按钮：状态栏中的"极轴追踪"【F10】按钮、"对象捕捉追踪"【F11】按钮、"对象捕捉"【F3】按钮。主要用到"草图设置"对话框、"边界图案填充"对话框、"标注样式管理器"对话框、"多行文字编辑器"对话框和"图层特性管理器"对话框。

四、上机过程

1. 启动 AutoCAD 2014 并新建图形文件

具体操作参见实训一。

2. 绘制图形

设置图层如图 13-2 所示。

（1）绘制 1—1 剖面图

单击"图层"工具栏中的"图层控制"下拉按钮 ⎡♀☼◯⊞■ 0   ⎤，在弹出的下拉列表框中选择"辅助线"图层，此时"辅助线"图层成为当前图层。调用直线命令绘制水平辅助线、垂直辅助线，图 13-3 所示为中心垂直线（左数第四根）及最下方水平线。然后设置"轮廓线"图层为当前图层，继续调用矩形、复制、直线命令绘制图 13-3 所示轮廓线。

图 13-2　图层设置结果

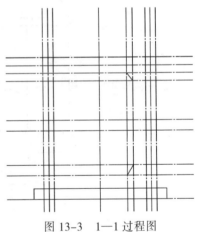

图 13-3　1—1 过程图

操作步骤如下：

命令：_rectang（矩形）
指定第一个角点或 [倒角(C)/标高(E)/圆角(F)/厚度(T)/宽度(W)]：52（铵【Enter】键）
　　　　　　　　//捕捉辅助线交点，沿水平方向向左移动鼠标，输入矩形角点与捕捉点距离
指定另一个角点或 [面积(A)/尺寸(D)/旋转(R)]：@104, 8（按【Enter】键）
　　　　　　　　　　　　　　　　//输入另一角点相对坐标

命令：_copy（复制）
选择对象：找到 1 个
选择对象：
当前设置：复制模式 = 多个　　　　　　　//选择水平辅助线
选择对象：（铵【Enter】键）　　　　　　//对象选择完毕

指定基点或 [位移(D)/模式(O)] <位移>: 指定第二个点或 <使用第一个点作为位移>: 18（按【Enter】键）

　　　　　　　　　　　　//任意拾取一点，沿垂直方向向上移动鼠标，输入第二条水平线与选择线间距

指定第二个点或 [退出(E)/放弃(U)] <退出>: 26（按【Enter】键）

　　　　　　　　　　　　　//保持鼠标方向不变，输入第三条水平线与选择线间距

指定第二个点或 [退出(E)/放弃(U)] <退出>: 52（按【Enter】键）

　　　　　　　　　　　　　//保持鼠标方向不变，输入第四条水平线与选择线间距

指定第二个点或 [退出(E)/放弃(U)] <退出>: 60（按【Enter】键）

　　　　　　　　　　　　　//保持鼠标方向不变，输入第五条水平线与选择线间距

指定第二个点或 [退出(E)/放弃(U)] <退出>: 90（按【Enter】键）

　　　　　　　　　　　　　//保持鼠标方向不变，输入第六条水平线与选择线间距

指定第二个点或 [退出(E)/放弃(U)] <退出>: 96（按【Enter】键）

　　　　　　　　　　　　　//保持鼠标方向不变，输入第七条水平线与选择线间距

指定第二个点或 [退出(E)/放弃(U)] <退出>: 102（按【Enter】键）

　　　　　　　　　　　　　//保持鼠标方向不变，输入第八条水平线与选择线间距

指定第二个点或 [退出(E)/放弃(U)] <退出>: 108（按【Enter】键）

　　　　　　　　　　　　　//保持鼠标方向不变，输入第九条水平线与选择线间距

指定第二个点或 [退出(E)/放弃(U)] <退出>:（按【Enter】键）　//水平线复制完毕结束命令

命令: _copy

选择对象: 找到 1 个

选择对象:

当前设置: 复制模式 = 多个　　　　　　//选择垂直辅助线

选择对象:（按【Enter】键）　　　　//选择对象完毕

指定基点或 [位移(D)/模式(O)] <位移>: 指定第二个点或 <使用第一个点作为位移>: 21(按【Enter】键）

　　　　　　　　　　　　//任意拾取一点，沿水平方向向右移动鼠标，输入选择线右侧第一条垂直线与选择线间距

指定第二个点或 [退出(E)/放弃(U)] <退出>: 26（按【Enter】键）

　　　　　　　　　　//保持鼠标方向不变，输入选择线右侧第二条垂直线与选择线间距

指定第二个点或 [退出(E)/放弃(U)] <退出>: 36（按【Enter】键）

　　　　　　　　　　//保持鼠标方向不变，输入选择线右侧第三条垂直线与选择线间距

指定第二个点或 [退出(E)/放弃(U)] <退出>: 40（按【Enter】键）

　　　　　　　　　　//保持鼠标方向不变，输入选择线右侧第四条垂直线与选择线间距

指定第二个点或 [退出(E)/放弃(U)] <退出>: 44（按【Enter】键）

　　　　　　　　　　//保持鼠标方向不变，输入选择线右侧第五条垂直线与选择线间距

指定第二个点或 [退出(E)/放弃(U)] <退出>: 36（按【Enter】键）

　　　　//沿水平方向向左移动鼠标，移至基点左侧，输入选择线左侧第一条垂直线与选择线间距

指定第二个点或 [退出(E)/放弃(U)] <退出>: 40（按【Enter】键）

　　　　　　　　　　//保持鼠标方向不变，输入选择线左侧第二条垂直线与选择线间距

指定第二个点或 [退出(E)/放弃(U)] <退出>:44（按【Enter】键）

　　　　　　　　　　//保持鼠标方向不变，输入选择线左侧第三条垂直线与选择线间距

指定第二个点或 [退出(E)/放弃(U)] <退出>:（按【Enter】键）　　　//结束该命令

命令: _line 指定第一点:　　　　　　　　//拾取斜线端点（两直线交点）

指定下一点或 [放弃(U)]:　　　　　　　　//拾取该斜线另一端点（两直线交点）

指定下一点或 [放弃(U)]:（按【Enter】键）　　//结束命令

命令: _line 指定第一点:　　　　　　　　//拾取另一斜线端点（两直线交点）

指定下一点或 [放弃(U)]:　　　　　　　　//拾取该斜线另一端点（两直线交点）

指定下一点或 [放弃(U)]:（按【Enter】键）　　//结束命令

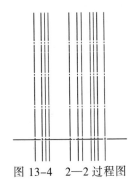

图 13-4　2—2 过程图

以上步骤绘制完的图形如图 13-3 所示。调用修剪命令修剪图形，删除多余线条，整理完的图形如图 13-1 所示（未绘制剖面线的 1—1 剖面图）。各剖面图均绘制完毕后，填充剖面线。

（2）绘制 2—2 剖面图

将当前图层设置为"辅助线"图层，调用直线命令绘制水平辅助线、垂直辅助线，水平辅助线与 1—1 剖面图的底边在同一水平线上，可以根据沿水平方向追踪的方式绘制图 13-4 所示的中心垂直线（左数第五根）及最下面水平线。然后将当前图层设置为"轮廓线"图层，继续调用复制、直线命令绘制图 13-4 所示的轮廓线。

操作步骤如下：

命令：_copy
选择对象：指定对角点：找到 1 个
选择对象：
当前设置：复制模式 = 多个　　　　　　　　　//选择垂直辅助线
选择对象：（按【Enter】键）　　　　　　　　//选择对象完毕
指定基点或［位移(D)/模式(O)］<位移>：指定第二个点或 <使用第一个点作为位移>：9
　　　　　　//任意拾取一点，沿水平方向向右移动鼠标，输入选择线右侧第一条垂直线与选择线间距
指定第二个点或［退出(E)/放弃(U)］<退出>：14（按【Enter】键）
　　　　　　　　//保持鼠标方向不变，输入选择线右侧第二条垂直线与选择线间距
指定第二个点或［退出(E)/放弃(U)］<退出>：24（按【Enter】键）
　　　　　　　　//保持鼠标方向不变，输入选择线右侧第三条垂直线与选择线间距
指定第二个点或［退出(E)/放弃(U)］<退出>：28（按【Enter】键）
　　　　　　　　//保持鼠标方向不变，输入选择线右侧第四条垂直线与选择线间距
指定第二个点或［退出(E)/放弃(U)］<退出>：32（按【Enter】键）
　　　　　　　　//保持鼠标方向不变，输入选择线右侧第五条垂直线与选择线间距
指定第二个点或［退出(E)/放弃(U)］<退出>：40（按【Enter】键）
　　　　　　　　//保持鼠标方向不变，输入选择线右侧第六条垂直线与选择线间距
指定第二个点或［退出(E)/放弃(U)］<退出>：24（按【Enter】键）
　　　　//沿水平方向向左移动鼠标移动到基点左侧，输入选择线左侧第一条垂直线与选择线间距
指定第二个点或［退出(E)/放弃(U)］<退出>：28（按【Enter】键）
　　　　　　　　//保持鼠标方向不变，输入选择线左侧第二条垂直线与选择线间距
指定第二个点或［退出(E)/放弃(U)］<退出>：32（按【Enter】键）
　　　　　　　　//保持鼠标方向不变，输入选择线左侧第三条垂直线与选择线间距
指定第二个点或［退出(E)/放弃(U)］<退出>：40（按【Enter】键）
　　　　　　　　//保持鼠标方向不变，输入选择线左侧第四条垂直线与选择线间距
指定第二个点或［退出(E)/放弃(U)］<退出>：（按【Enter】键）
　　　　　　　　//垂直线绘制完毕，结束命令

以上步骤绘制的图形如图 13-4 所示。调用直线命令，根据 1—1 剖面图与 2—2 剖面图水平线的对应关系，利用对象追踪绘制图 2—2 剖面图各水平线，水平线绘制完毕后，调用修剪命令剪切多余线条，删除多余线条，整理完的图形如图 13-1 所示（未绘制剖面线的 2—2 剖面图）。

（3）绘制 3—3 剖面图

将当前图层设置为"轮廓线"图层，调用矩形、直线、圆、偏移命令绘制图 13-5 所示轮廓线。

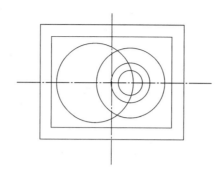

图 13-5　3—3 过程图

命令：_rectang（矩形）

指定第一个角点或 [倒角(C)/标高(E)/圆角(F)/厚度(T)/宽度(W)]：
　　　　　　　　//捕捉 1—1 剖面图左下角点，沿垂直方向向下移动鼠标至适当位置拾取一点

指定另一个角点或 [尺寸(D)]：@104,80（按【Enter】键）　//输入另一角点相对坐标

将当前图层设置为"辅助线"图层，调用直线命令绘制水平辅助线、垂直辅助线（均为中心线），捕捉所绘制矩形左、右边的中点绘制水平辅助线，捕捉所绘制矩形上、下边的中点绘制垂直辅助线，垂直辅助线在 1—1 剖面图中心线的延长线上。辅助线绘制完毕后，将当前图层设置为"轮廓线"图层，根据下列步骤继续绘制图 13-5 所示轮廓线。

命令：_offset

当前设置：删除源=否　图层=源　OFFSETGAPTYPE=0

指定偏移距离或 [通过(T)/删除(E)/图层(L)] <通过>：8（按【Enter】键）
　　　　　　　　　　　　　　　　　　　　　　//输入内侧矩形与外侧矩形间距

选择要偏移的对象，或 [退出(E)/放弃(U)] <退出>：　　　　//选择所绘制矩形

指定要偏移的那一侧上的点，或 [退出(E)/多个(M)/放弃(U)] <退出>：
　　　　　　　　　　　　　　　　　　　　　　//在选择图形内侧拾取一点

选择要偏移的对象，或 [退出(E)/放弃(U)] <退出>：（按【Enter】键）　　//结束该命令

命令：_circle 指定圆的圆心或 [三点(3P)/两点(2P)/相切、相切、半径(T)]：14（按【Enter】键）
　　　　　　　　　　　　//捕捉辅助线交点，向右移动鼠标，输圆心距捕捉点距离

指定圆的半径或 [直径(D)] <9.0000>：8（按【Enter】键）　　//输入 3—3 剖面图最小圆弧的半径

命令：_offset

当前设置：删除源=否　图层=源　OFFSETGAPTYPE=0

指定偏移距离或 [通过(T)/删除(E)/图层(L)] <8.0000>：5（按【Enter】键）　//输入两圆弧间距

选择要偏移的对象，或 [退出(E)/放弃(U)] <退出>：　　　　　　//选择已绘制圆

指定要偏移的那一侧上的点，或 [退出(E)/多个(M)/放弃(U)] <退出>：//在选择圆外侧拾取一点

选择要偏移的对象，或 [退出(E)/放弃(U)] <退出>：（按【Enter】键）　　//结束命令

命令：_offset（偏移）

当前设置：删除源=否　图层=源　OFFSETGAPTYPE=0

指定偏移距离或 [通过(T)/删除(E)/图层(L)] <5.0000>：10（按【Enter】键）　//输入两圆弧间距

选择要偏移的对象，或 [退出(E)/放弃(U)] <退出>：　　　　//选择刚刚偏移出来的圆

指定要偏移的那一侧上的点，或 [退出(E)/多个(M)/放弃(U)] <退出>：//在选择圆外侧拾取一点

选择要偏移的对象，或 [退出(E)/放弃(U)] <退出>：（按【Enter】键）//结束命令

命令：_offset（偏移）

当前设置：删除源=否　图层=源　OFFSETGAPTYPE=0

指定偏移距离或 [通过(T)/删除(E)/图层(L)] <5.0000>：2（按【Enter】键）　//输入两圆弧间距

选择要偏移的对象，或 [退出(E)/放弃(U)] <退出>：　　　　　//选择半径为 8 的圆

指定要偏移的那一侧上的点，或 [退出(E)/多个(M)/放弃(U)] <退出>：　//在选择圆内侧拾取一点

命令：_circle 指定圆的圆心或 [三点(3P)/两点(2P)/切点、切点、半径(T)]：32（按【Enter】键）

//捕捉水平辅助线与内侧矩形左侧交点，沿水平方向向右移动鼠标，输入圆心与捕捉点距离

指定圆的半径或 [直径(D)] <9.0000>：28（按【Enter】键）   //输入圆半径

以上步骤绘制完成的图形如图 13-5 所示，在图 13-5 所示图形基础上调用直线命令，更改对象捕捉模式为"垂足""象限点"，捕捉各圆的上、下象限点为直线的第一端点，各直线的第二端点为沿水平方向追踪至垂直辅助线的交点。修剪多余线条，所有直线绘制完毕后再修剪，将导致选择被修剪对象时较混乱，可以在每绘制完一个圆的上、下两条直线后进行修剪，修剪完毕后再绘制其他圆上的直线。整理完的图形如图 13-1 所示（未绘制剖面线的 3—3 剖面图）。

（4）填充剖面线

将图层切换到"剖面线"图层，单击"绘图"工具栏中的"图案填充"按钮 ▓，打开图 13-6 所示"图案填充创建"选项卡，在其中单击"拾取点"按钮，单击要填充的区域内部，包围单击点的闭合区域边界出现虚线。

单击多个填充区内部，则多个闭合区域边界同时出现虚线，选择完毕后，在"图案填充创建"选项卡的"图案"下拉列表框中选择 ANSI31 选项，在"填充图案比例"下拉列表框中选择 15.000 0 或输入 15.000 0，单击"关闭图案填充创建"按钮。

图 13-6 "图案填充创建"选项卡

3. 练习

绘制图 13-7 所示的圆形沉井及图 13-8 所示图形。要求设置图层，设计要合理。

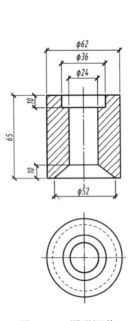

图 13-7 圆形沉井

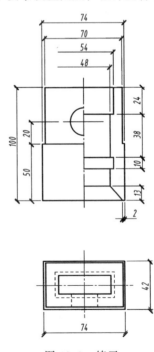

图 13-8 练习

实训十四 ┃ 文字标注的应用

一、实训目的和要求

- 熟练掌握文字标注的应用；
- 熟练掌握图层的应用。

二、实训内容

绘制图 14-1 所示的道砟桥面低高度钢筋混凝土梁钢筋图。

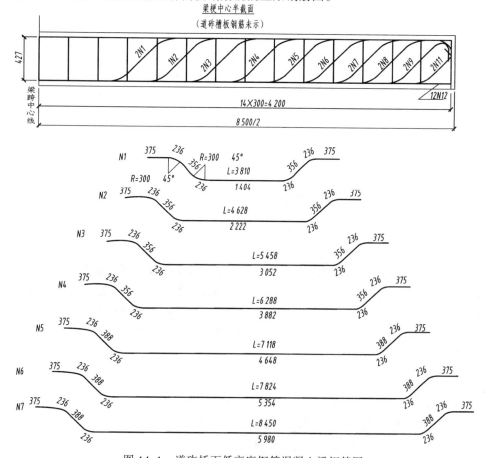

图 14-1　道砟桥面低高度钢筋混凝土梁钢筋图

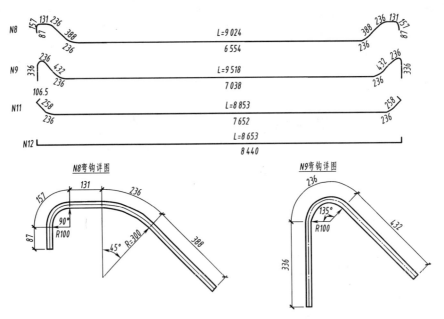

图 14-1   道砟桥面低高度钢筋混凝土梁钢筋图（续）

三、相关命令

本实训中主要用到的 AutoCAD 2014 命令：直线（Line）、矩形（Rectang）、圆弧（Arc）、复制（Copy）、偏移（Offset）、镜像（Mirror）、多行文字（Mtext）、分解（Explode）、拉伸（Stretch）、缩放（Scale）、旋转（Rotate）。主要用到的按钮："窗口缩放"按钮 🔍 窗口 、"比例缩放"按钮 🔍 缩放 ，状态栏上的"极轴追踪""对象捕捉追踪""对象捕捉"按钮。主要用到"阵列"对话框、"多行文字编辑器"对话框和"图层特性管理器"对话框。

四、上机过程

1．启动 AutoCAD 2014 并新建图形文件

具体操作参见实训一。

2．绘制图形

图形的实际尺寸较大，在绘制图形过程中为了能看到全图或看清局部图形，可使用标准工具栏上的"窗口缩放"按钮 🔍 窗口 、"比例缩放"按钮 🔍 缩放 等图形显示缩放按钮进行切换。设置对象捕捉模式为"端点""交点""中点"，按下状态栏上的"极轴追踪""对象捕捉""对象捕捉追踪"按钮。本实训要设置的图层为"轮廓线"层、"辅助线"层、"尺寸线"层，各图层的要求如图 14-2 所示。

3．绘制钢筋

绘制钢筋 $N1$、$N2$、$N3$、$N4$、$N5$、$N6$、$N7$、$N8$、$N9$、$N11$、$N12$。

设置当前图层为"轮廓线"层，钢筋的弯起部分两侧对称，绘制一侧的弯起，通过镜像命令镜像出另一侧的弯起部分。钢筋 $N1$～$N4$ 弯起部分相同，钢筋 $N4$～$N7$ 弯起部分相似，钢筋 $N1$ 绘制完毕后，复制钢筋 $N1$，通过拉伸命令完成钢筋 $N2$～$N7$ 的绘制。设置极轴增量角为 45°。

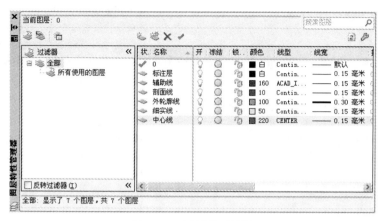

图 14-2　图层设置结果

命令：_line 指定第一点：　　　　　　　　　//在绘图区任意拾取一点作为钢筋 N1 的最左点
指定下一点或 [放弃(U)]：375（按【Enter】键）　　//沿水平方向向右移动鼠标，输入
　　　　　　　　　　　　　　　　　　　　　　　　　　钢筋 N1 弯起部分的水平线长度
指定下一点或 [放弃(U)]：（按【Enter】键）　　//结束直线命令
命令：_arc 指定圆弧的起点或 [圆心(C)]：　　//拾取直线端点
指定圆弧的第二个点或 [圆心(C)/端点(E)]：c（按【Enter】键）//输入选项 c 表示绘制圆弧的圆心
指定圆弧的圆心：@0, -300（按【Enter】键）　　//输入圆弧圆心距上一点的相对坐标
指定圆弧的端点或 [角度(A)/弦长(L)]：a（按【Enter】键）　//输入选项 a 表示绘制圆弧的角度
指定包含角：-45（按【Enter】键）　　　　　//输入圆弧包含角

以上图形绘制完毕后在绘图区无法看到完整图形，单击标准工具栏中的"比例缩放"按钮，
或在命令行输入 ZOOM 命令，输入比例因子为 0.1，操作步骤如下：

命令：_zoom（比例缩放）
指定窗口的角点，输入比例因子 (nX 或 nXP)，或者[全部(A)/中心(C)/动态(D)/范围(E)/上一
个(P)/比例(S)/窗口(W)/对象(O)] <实时>：_s
输入比例因子 (nX 或 nXP)：0.1（按【Enter】键）
正在重生成模型

图形的显示比例变小，在以后的绘图过程中根据需要可以更改图形的显示比例，继续绘制
钢筋 N1 的其他部分，步骤如下：

命令：_line 指定第一点：　　　　　　　　//拾取圆弧端点
指定下一点或 [放弃(U)]：356（按【Enter】键）　　//沿 315° 方向移动鼠标，输入钢筋 N1
　　　　　　　　　　　　　　　　　　　　　　　　　弯起部分直线的长度
指定下一点或 [放弃(U)]：（按【Enter】键）　　//结束直线命令
命令：_arc 指定圆弧的起点或 [圆心(C)]：　　//拾取斜线端点
指定圆弧的第二个点或 [圆心(C)/端点(E)]：c（按【Enter】键）//输入选项 c
指定圆弧的圆心：@300<45（按【Enter】键）　　//输入圆弧圆心相对圆弧起点的相对极坐标
指定圆弧的端点或 [角度(A)/弦长(L)]：a（按【Enter】键）　//输入选项 a
指定包含角：45（按【Enter】键）　　　　　　//输入圆弧包含角
命令：_line 指定第一点：　　　　　　　　//拾取圆弧端点
指定下一点或 [放弃(U)]：1404（按【Enter】键）　//沿水平方向向右移动鼠标，输入钢筋
　　　　　　　　　　　　　　　　　　　　　　　　　N1 非弯起部分直线的长度
指定下一点或 [放弃(U)]：（按【Enter】键）　　//结束直线命令
命令：_mirror（镜像）
选择对象：指定对角点：找到 4 个　　　　　　//选择进行镜像的图形钢筋 N1 弯起部分

```
选择对象：（按【Enter】键）                         //选择对象完毕
指定镜像线的第一点：                               //拾取 N1 非弯起部分直线的中点
指定镜像线的第二点：                               //沿垂直方向移动鼠标任意拾取一点
是否删除源对象？[是(Y)/否(N)] <N>：（按【Enter】键）  //确认默认选项（不删除源对象）并
                                                   结束镜像命令

命令：_copy（复制）
选择对象：指定对角点：找到 9 个
选择对象：
当前设置：复制模式 = 多个                          //选择已绘制的钢筋 N1，选择对象完毕
指定基点或 [位移(D)/模式(O)] <位移>：指定第二个点或 <使用第一个点作为位移>：
                                                   //任意拾取一点
指定第二个点或 [退出(E)/放弃(U)] <退出>：          //沿垂直方向向下移动鼠标，在适当位置
                                                     拾取一点（该点的选取以每条钢筋不与
                                                     其他钢筋有交叉为基准，以下各点的选
                                                     取与该点基准相同）
指定第二个点或 [退出(E)/放弃(U)] <退出>：          //沿垂直方向向下移动鼠标，在适当位置
                                                     拾取一点
指定第二个点或 [退出(E)/放弃(U)] <退出>：          //沿垂直方向向下移动鼠标，在适当位置
                                                     拾取一点
指定第二个点或 [退出(E)/放弃(U)] <退出>：          //沿垂直方向向下移动鼠标，在适当位置
                                                     拾取一点
指定第二个点或 [退出(E)/放弃(U)] <退出>：（按【Enter】键）        //结束复制命令
命令：_stretch（拉伸）
以交叉窗口或交叉多边形选择要拉伸的对象...
选择对象：指定对角点：找到 5 个                    //用从右到左的框选法选择钢筋 N2 的左侧
                                                     弯起部分及部分非弯起部分（注意在选择
                                                     对象时必须用框选法且方法为从右到左）
选择对象：（按【Enter】键）                        //选择对象完毕
指定基点或位移：                                   //任意拾取一点
指定位移的第二个点或 <用第一个点作位移>：818（按【Enter】键） //沿水平方向向左移动
                                                     鼠标，输入拉伸长度
```

钢筋 N2 绘制完毕，同理绘制钢筋 N3、N4，绘制钢筋 N5 时需要比 N3、N4 多拉伸一次钢筋的弯起部分，该部分的拉伸沿 135° 方向进行，钢筋 N5 绘制完毕后，复制钢筋 N5 三次，用绘制钢筋 N2 的方法绘制钢筋 N6、N7，拉伸钢筋 N8 至要求尺寸后，根据 N8 弯钩详图绘制其他弯起部分，步骤如下：

```
命令：_arc 指定圆弧的起点或 [圆心(C)]：           //拾取拉伸后的图形左端点
指定圆弧的第二个点或 [圆心(C)/端点(E)]：c（按【Enter】键）    //输入选项 c
指定圆弧的圆心：@0,-100（按【Enter】键）           //输入圆弧圆心相对圆弧起点的坐标
指定圆弧的端点或 [角度(A)/弦长(L)]：a（按【Enter】键）        //输入选项 a
指定包含角：90（按【Enter】键）                    //输入圆弧包含角
命令：_line 指定第一点：                           //拾取圆弧端点
指定下一点或 [放弃(U)]：87（按【Enter】键）        //沿垂直方向向下移动鼠标，输入垂直线长度
指定下一点或 [放弃(U)]：（按【Enter】键）          //结束直线命令
命令：_mirror（镜像）
选择对象：指定对角点：找到 2 个                    //选择新绘制的圆弧和直线
选择对象：（按【Enter】键）                        //选择对象完毕
指定镜像线的第一点：                               //拾取钢筋 N8 非弯起部分直线中点
指定镜像线的第二点：                               //沿垂直方向拾取一点
```

是否删除源对象？[是(Y)/否(N)] <N>:（按【Enter】键）　　//确认默认选项（不删除源对象）并
　　　　　　　　　　　　　　　　　　　　　　　　　　　结束镜像命令
命令：_copy（复制）
选择对象：指定对角点：找到 3 个　　　　　　//选择钢筋 N8 非弯起部分即水平直线与两侧圆弧
选择对象：（按【Enter】键）　　　　　　　//选择对象完毕
指定基点或位移，或者 [重复(M)]:　　　　//任意拾取一点
指定位移的第二点或 <用第一点作位移>:　　//沿垂直方向向下拾取一点
命令：_stretch（拉伸）
以交叉窗口或交叉多边形选择要拉伸的对象...
选择对象：指定对角点：找到 2 个　　　　//从右到左框选复制图形的左侧圆弧及部分直线
选择对象：（按【Enter】键）　　　　　　//选择对象完毕
指定基点或位移:　　　　　　　　　　　　//任意拾取一点
指定位移的第二个点或 <用第一个点作位移>: 574（按【Enter】键）
　　　　　　　　　　　　　　　　　　　//沿水平方向向左移动鼠标，输入拉伸距离
命令：_line 指定第一点:　　　　　　　　//拾取图形左侧圆弧端点
指定下一点或 [放弃(U)]: 432（按【Enter】键）//沿 135°方向移动鼠标，输入斜线长度
指定下一点或 [放弃(U)]:（按【Enter】键）//结束直线命令
命令：_arc 指定圆弧的起点或 [圆心(C)]:　//拾取斜线端点
指定圆弧的第二个点或 [圆心(C)/端点(E)]: c（按【Enter】键）//输入选项 c
指定圆弧的圆心: @100<-135（按【Enter】键）　//输入圆弧圆心相对极坐标
指定圆弧的端点或 [角度(A)/弦长(L)]: a（按【Enter】键）//输入选项 a
指定包含角: 135（按【Enter】键）　　　//输入圆弧包含角 135°
命令：_line 指定第一点:　　　　　　　　//拾取圆弧终点
指定下一点或 [放弃(U)]: 336（按【Enter】键）//沿垂直方向向下移动鼠标，输入垂直线长度
指定下一点或 [放弃(U)]:（按【Enter】键）//结束直线命令
命令：_mirror（镜像）
选择对象：指定对角点：找到 3 个　　　　//选择所绘制图形斜线、垂直线、135°圆弧
选择对象：（按【Enter】键）　　　　　　//选择对象完毕
指定镜像线的第一点:　　　　　　　　　　//拾取钢筋 N9 非弯起部分直线中点
指定镜像线的第二点:　　　　　　　　　　//沿垂直方向拾取一点
是否删除源对象？[是(Y)/否(N)] <N>:（按【Enter】键）//确认"不删除对象"选项并结束镜像命令

绘制钢筋 N11、N12，步骤如下：

命令：_copy（复制）
选择对象：指定对角点：找到 3 个　　　　//选择钢筋 N9 非弯起部分（水平直线）与两侧圆弧
选择对象：（按【Enter】键）　　　　　　//选择对象完毕
指定基点或位移，或者 [重复(M)]:　　　　//任意拾取一点
指定位移的第二点或 <用第一点作位移>:　　//沿垂直方向向下拾取一点
命令：_stretch（拉伸）
以交叉窗口或交叉多边形选择要拉伸的对象...
选择对象：指定对角点：找到 2 个　　　　//从右到左框选复制所得图形的左侧圆弧及部分直线
选择对象：（按【Enter】键）　　　　　　//选择对象完毕
指定基点或位移:　　　　　　　　　　　　//任意拾取一点
指定位移的第二个点或 <用第一个点作位移>: 614　//沿水平方向向左移动鼠标，输入拉伸距离
命令：_line 指定第一点:　　　　　　　　//拾取左侧圆弧端点
指定下一点或 [放弃(U)]: 258（按【Enter】键）//沿 135°方向移动鼠标，输入斜线长度
指定下一点或 [放弃(U)]: 106.5（按【Enter】键）//沿 45°方向移动鼠标，输入弯钩长度
指定下一点或 [放弃(U)]:（按【Enter】键）//结束直线命令
命令：_mirror（镜像）
选择对象：指定对角点：找到 2 个　　　　//选择所绘制图形

选择对象：（按【Enter】键）　　　　　　　　　//选择对象完毕
指定镜像线的第一点：　　　　　　　　　　　　//拾取钢筋 N11 非弯起部分直线中点
指定镜像线的第二点：　　　　　　　　　　　　//沿垂直方向拾取一点。
是否删除源对象？[是(Y)/否(N)] <N>：（按【Enter】键）//确认"不删除源对象"选项并结束
　　　　　　　　　　　　　　　　　　　　　　　镜像命令

命令：_line 指定第一点：　　　　　　　　　　//在适当位置拾取一点
指定下一点或 [放弃(U)]：106.5（按【Enter】键）
　　　　　　　　　　　　　//沿垂直方向向下移动鼠标，输入钢筋 N12 弯起部分长度
指定下一点或 [放弃(U)]：8440（按【Enter】键）
　　　　　　　　　　　　　//沿水平方向向右移动鼠标，输入钢筋 N12 非弯起部分长度
指定下一点或 [闭合(C)/放弃(U)]：106.5（按【Enter】键）
　　　　　　　　　　　　　//沿垂直方向向上移动鼠标，输入钢筋 N12 弯起部分长度
指定下一点或 [闭合(C)/放弃(U)]：（按【Enter】键）　//结束直线命令

4. 绘制 N8 弯钩详图、N9 弯钩详图

　　复制已绘制的 N8、N9 弯钩图形，调用缩放命令（Scale），将复制后的弯钩图形放大五倍，利用偏移命令将每个图形对象分别向自身两侧偏移 12.5，调用直线命令连线，步骤如下：

命令：_copy（复制）
选择对象：指定对角点：找到 5 个　　　　　　//选择 N8 一侧弯起部分
选择对象：（按【Enter】键）　　　　　　　　//选择对象完毕
指定基点或位移，或者 [重复(M)]：　　　　　//任意拾取一点
指定位移的第二点或 <用第一点作位移>：　　　//移动鼠标至适当位置拾取一点
命令：_scale（缩放）
选择对象：指定对角点：找到 5 个　　　　　　//选择复制的 N8 弯钩图形
选择对象：（按【Enter】键）　　　　　　　　//选择对象完毕
指定基点：　　　　　　　　　　　　　　　　//在适当位置拾取一点
指定比例因子或 [参照(R)]：5（按【Enter】键）//输入放大倍数
命令：_offset（偏移）
指定偏移距离或 [通过(T)] <通过>：62.5　//因弯钩详图比实际尺寸又放大了五倍，故输入偏
　　　　　　　　　　　　　　　　　　　　　移距离应比计算的偏移距离 12.5 放大 5 倍。

选择要偏移的对象或 <退出>：　　　　　　　　//选择弯钩图形的一个对象
指定点以确定偏移所在一侧：　　　　　　　　//在所选对象一侧任意拾取一点
选择要偏移的对象或 <退出>：　　　　　　　　//仍然选择同一个对象
指定点以确定偏移所在一侧：　　　　　　　　//在所选对象另一侧拾取一点
选择要偏移的对象或 <退出>：　　　　　　　　//选择弯钩图形的第二个对象
指定点以确定偏移所在一侧：　　　　　　　　//在一侧拾取一点
选择要偏移的对象或 <退出>：　　　　　　　　//仍然选择第二个对象
指定点以确定偏移所在一侧：　　　　　　　　//在另一侧拾取一点
选择要偏移的对象或 <退出>：　　　　　　　　//选择第三个对象
指定点以确定偏移所在一侧：　　　　　　　　//在一侧拾取一点
选择要偏移的对象或 <退出>：　　　　　　　　//仍然选择第三个对象
指定点以确定偏移所在一侧：　　　　　　　　//在另一侧拾取一点
选择要偏移的对象或 <退出>：　　　　　　　　//选择第四个对象
指定点以确定偏移所在一侧：　　　　　　　　//在一侧拾取一点
选择要偏移的对象或 <退出>：　　　　　　　　//仍然选择第四个对象
指定点以确定偏移所在一侧：　　　　　　　　//在另一侧拾取一点
选择要偏移的对象或 <退出>：　　　　　　　　//选择第五个对象
指定点以确定偏移所在一侧：　　　　　　　　//在一侧拾取一点
选择要偏移的对象或 <退出>：　　　　　　　　//仍然选择第五个对象

```
指定点以确定偏移所在一侧：                    //在另一侧拾取一点
选择要偏移的对象或 <退出>：（按【Enter】键）      //结束偏移命令
```

调用直线命令连接偏移后的图形，钢筋 N8 弯钩详图绘制完毕。同理绘制 N9 弯钩详图。

5. 绘制梁梗中心半截面

将当前图层设置为"辅助线"层。

```
命令：_rectang（矩形）
指定第一个角点或 [倒角(C)/标高(E)/圆角(F)/厚度(T)/宽度(W)]：  //任意拾取一点
指定另一个角点或 [尺寸(D)]：@4250，477（按【Enter】键）    //输入矩形另一角点
                                                   相对坐标

命令：_explode（分解）
选择对象：找到 1 个                          //选择已绘制的矩形
选择对象：（按【Enter】键）                   //结束分解命令
命令：_offset（偏移）
指定偏移距离或 [通过(T)] <50.0000>:25（按【Enter】键）//输入偏移矩形
选择要偏移的对象或 <退出>：                   //选择已分解的矩形下边
指定点以确定偏移所在一侧：                    //在选择边上方拾取一点
选择要偏移的对象或 <退出>：                   //选择已分解的矩形上边
指定点以确定偏移所在一侧：                    //在选择边下方拾取一点
选择要偏移的对象或 <退出>：                   //选择已分解的矩形右边
指定点以确定偏移所在一侧：                    //在选择边左侧拾取一点
选择要偏移的对象或 <退出>：（按【Enter】键）      //结束偏移命令
```

修剪偏移的各边，调用阵列命令，阵列对象为偏移后的垂直边，阵列后的图形为梁梗中心半截面箍筋，步骤如下：

单击"修改"工具栏中的"阵列"按钮 ⊞，选中要做阵列的图形 1，按【Enter】键或右击确认，打开图 14-3 所示"阵列创建"选项卡，在"行数"文本框中输入 1，在"列数"文本框中输入 14，在"列介于"文本框中输入-300，单击"关闭阵列"按钮，箍筋绘制完毕。

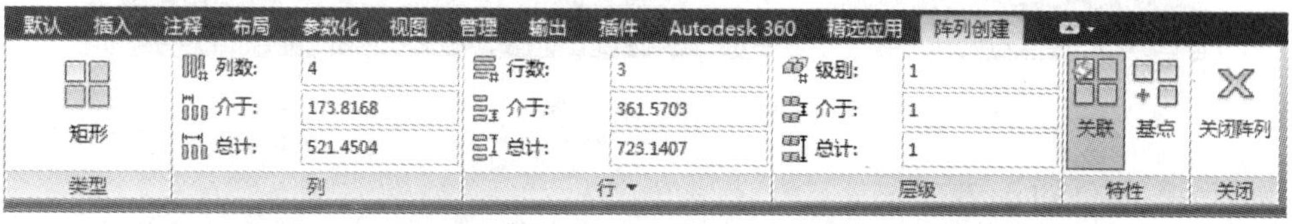

图 14-3　"阵列创建"选项卡

复制钢筋 N1 ~ N12 的非弯起部分及其右侧弯起部分，基点选择钢筋非弯起部分直线中点，复制到由矩形下边偏移得出的直线左端点，步骤如下：

```
命令：_copy（复制）
选择对象：指定对角点：找到 5 个              //选择钢筋 N1 非弯起部分及其右侧弯起部分
选择对象：（按【Enter】键）                 //选择对象完毕
指定基点或位移，或者 [重复(M)]：            //拾取钢筋 N1 非弯起部分（即直线）中点
指定位移的第二点或 <用第一点作位移>：        //拾取由矩形下边偏移得出的直线左端点
```

其他钢筋复制方法相同。复制完毕后，调用修剪命令修剪多余线条，梁梗中心半截面绘制完毕。

6. 标注钢筋 N1～N12 上的文字

设置当前图层为"尺寸线"层，使用"多行文字"对本实训中各图进行标注，对相同大小、

字体的标注文字可以只设置一次，其余各标注文字复制设置好的文字，对复制后的文字只更改其文字内容即可。

```
命令：_mtext 当前文字样式:"Standard"  当前文字高度:2.5
指定第一角点：                        //在适当位置拾取一点
指定对角点或 [高度(H)/对正(J)/行距(L)/旋转(R)/样式(S)/宽度(W)]：h（按【Enter】键）
                                     //输入选项 h（设置标注文字的高度）
指定高度 <2.5>：100（按【Enter】键）   //输入高度值
指定对角点或 [高度(H)/对正(J)/行距(L)/旋转(R)/样式(S)/宽度(W)]：
                                     //在适当位置拾取一点
```

单击"注释"面板中的"文字"按钮，单击要添加文字的区域，弹出图 14-4 所示"文字编辑器"对话框，在其中输入标注文字 N1，单击"关闭文字编辑器"按钮。复制文字"N1"12次，选择其中一个标注文字"N1"，双击进入"文字编辑器"对话框，将文字更改为 375，单击"关闭文字编辑器"按钮。继续更改其他文字为 236，356，236，1404，l=3810，236，356，236，375，R=300、45°，R=300、45°。将更改后的文字移动到适当位置，将其中的四个标注文字 236 与两个标注文字 356 旋转适当角度。

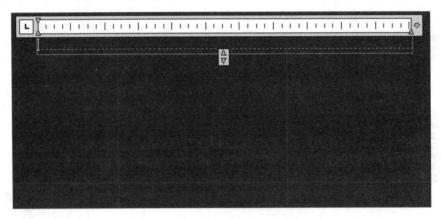

图 14-4　"文字编辑器"对话框

旋转操作步骤如下：

```
命令：_rotate（旋转）
UCS 当前的正角方向：ANGDIR=逆时针  ANGBASE=0
选择对象：找到 1 个                   //选择要旋转的文字
选择对象：（按【Enter】键）           //选择对象完毕
指定基点：                           //在文字上拾取一点
指定旋转角度或 [参照(R)]              //拖动鼠标至图 14-1 要求角度拾取该点
```

钢筋 N1 ~ N7 的标注文字大小、格式、方向均一致，可以同时复制钢筋 N1 的一侧弯起上的标注文字（半径与角度标注除外）至钢筋 N2 ~ N7 的同一侧，再复制钢筋 N1 的另一侧弯起上的标注文字至钢筋 N2 ~ N7 的同一侧，各钢筋非弯起部分文字标注一致，再复制钢筋 N1 的非弯起部分的标注文字至钢筋 N2 ~ N12 的同一位置。复制后的文字部分需要更改，补充钢筋 N8 ~ N11 上缺少的标注文字。

7. 标注 N8、N9 详图及梁梗中心半截面

视图中的尺寸标注，以后将会学习，在此不必标注，只对文字标注部分进行操作。钢筋 N8、

*N*9 详图上半径的标注文字及梁梗中心半截面上钢筋的标注文字的标注方法与上面所讲的方法相同。作为各图形名称的标注文字的标注步骤如下：

命令：_mtext 当前文字样式："Standard" 当前文字高度:100
指定第一角点：　　　　　　　　　　　　　//在适当位置拾取一点
指定对角点或 [高度(H)/对正(J)/行距(L)/旋转(R)/样式(S)/宽度(W)]: h（按【Enter】键）
　　　　　　　　　　　　　　　　　　　　//输入文字高度选项 h
指定高度 <100>: 120（按【Enter】键）　//输入文字高度。
指定对角点或 [高度(H)/对正(J)/行距(L)/旋转(R)/样式(S)/宽度(W)]:
　　　　　　　　　　　　　　　　　　　　//在适当位置拾取一点

单击"注释"面板中的"文字"按钮，单击要添加文字的区域，弹出"文字编辑器"对话框，输入文字"*N*8 弯钩详图"，在文字编辑器中单击"下画线"按钮 u，单击"关闭文字编辑器"按钮。同理标注 *N*9 弯钩详图名称，在标注梁梗中心半截面名称时，上下两行文字大小需设置不同，在"文字编辑器"对话框中，输入完两行文字后，选中下一行，在"文字高度"中输入 60，单击"关闭文字编辑器"按钮，文字标注完毕。

实训十五 | 尺寸标注的应用

一、实训目的和要求

- 熟练掌握文字标注的应用；
- 熟练掌握尺寸标注的应用；
- 熟练掌握图层的应用。

二、实训内容

绘制图 15-1 所示的隧道衬砌断面图。

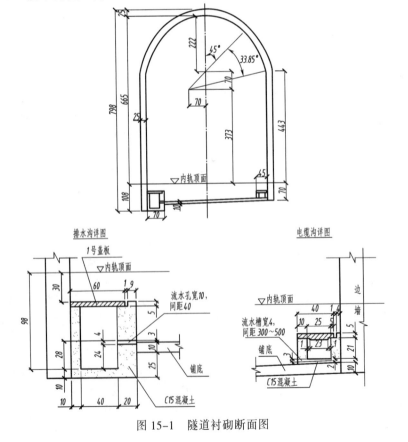

图 15-1　隧道衬砌断面图

三、相关命令

本实训中主要用到的 AutoCAD 2014 命令：直线（Line）简易命令[L]、圆弧（Arc）简易命令[A]、复制（Copy）简易命令[Co]、偏移（Offset）简易命令[O]、镜像（Mirror）简易命令[Mi]、多行文字（Mtext）简易命令[Mt]、分解（Explode）简易命令[Ex]、旋转（Rotate）简易命令[Ro]、半径标注（Dimradius）、角度标注（Dimangular）、快速引线（Qleader）、线性标注（Dimlinear）、连续标注（Dimcontinue）。主要用到的按钮："窗口缩放"按钮 、"比例缩放"按钮 、"缩放上一个"按钮 、"标注样式"按钮 ，状态栏中的"极轴追踪""对象捕捉追踪""对象捕捉"按钮。主要用到"标注样式管理器"对话框、"多行文字编辑器"对话框和"图层特性管理器"对话框。

四、上机过程

1．启动 AutoCAD 2014 并新建图形文件

具体操作参见实训一。

2．绘制图形

图形的实际尺寸较大，在绘制图形过程中，为了能看到全图或看清局部图形，可使用标准工具栏中的"窗口缩放"按钮 、"比例缩放"按钮 等图形显示缩放按钮进行切换。设置对象捕捉模式为"端点""交点""中点"，按下状态栏上的"极轴追踪""对象捕捉追踪""对象捕捉"按钮。

单击"图层"工具栏中的"图层特性"按钮 ，弹出"图层特性管理器"对话框，设置图层如图 15-2 所示。

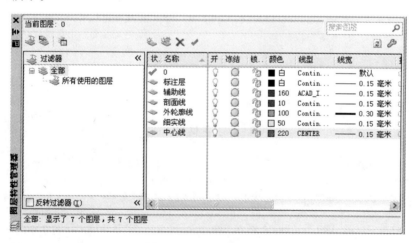

图 15-2　图层设置结果

3．绘制隧道衬砌断面图

按下列次序绘制隧道衬砌断面图：绘制轨顶线与中心线，绘制确定组成拱圈的三段圆弧圆心的辅助线，绘制边墙线、圆弧，通过镜像绘制另一侧圆弧及边墙，根据详图绘制排水沟、电缆沟。

① 绘制轨顶线与中心线，绘制确定组成拱圈的三段圆弧圆心的辅助线，绘制边墙线、圆弧，通过镜像绘制另一侧圆弧及边墙线。

设置当前图层为"辅助线"层，绘制辅助线。

命令：_line 指定第一点：　　　　　　　　　　//任意拾取一点作为内轨顶面线左端点

指定下一点或 [放弃(U)]：540（按【Enter】键）//沿水平方向向右移动鼠标，输入内轨顶面线长度

指定下一点或 [放弃(U)]：（按【Enter】键）　　//结束该直线命令

命令：_line 指定第一点：108（按【Enter】键）//设置当前图层为"中心线"图层，绘制图中轴线捕捉内轨顶面线中点，沿垂直方向向下移动鼠标中心线下端点距内轨顶面距离输入

指定下一点或 [放弃(U)]：798（按【Enter】键）//沿垂直方向向上移动鼠标输入中心线长度（取图形全高）

指定下一点或 [放弃(U)]：（按【Enter】键）　　//结束该直线命令（该直线命令所绘制直线在以下步骤中称为中心线）

设置当前图层为"轮廓线"图层，绘制图形的轮廓线。

命令：_offset

当前设置：删除源=否　图层=源　OFFSETGAPTYPE=0

指定偏移距离或 [通过(T)/删除(E)/图层(L)] <通过>：373（按【Enter】键）//输入拱圈两侧圆弧圆心点所在直线与内轨顶面距离

选择要偏移的对象，或 [退出(E)/放弃(U)] <退出>：　　　　　　//选择内轨顶面线

指定要偏移的那一侧上的点，或 [退出(E)/多个(M)/放弃(U)] <退出>://在选择线上方拾取一点

选择要偏移的对象，或 [退出(E)/放弃(U)] <退出>：（按【Enter】键）
　　　　　　　　　　//结束该命令（该操作偏移得出的直线在以下步骤中称为轨顶平行线）

命令：_line 指定第一点：245（按【Enter】键）　　//捕捉内轨顶面线中点，沿水平方向向左移动鼠标，出现追踪线，输入内侧边墙线与捕捉点间距

指定下一点或 [放弃(U)]：435（按【Enter】键）　　//沿垂直方向向上移动鼠标，输入内侧边墙线高度

指定下一点或 [放弃(U)]：（按【Enter】键）　　//结束该直线命令

命令：_line 指定第一点：　　　　　　　　//拾取内轨顶面线左端点

指定下一点或 [放弃(U)]：440（按【Enter】键）　　//沿垂直方向向上移动鼠标，输入外侧边墙线高度

指定下一点或 [放弃(U)]：　　　　　　　　//拾取内侧边墙线上端点

指定下一点或 [闭合(C)/放弃(U)]：（按【Enter】键）　　//结束该直线命令

命令：_arc 指定圆弧的起点或 [圆心(C)]：c（按【Enter】键）　　//输入选项c（将要确定圆弧圆心）

指定圆弧的圆心：70（按【Enter】键）　　//捕捉轨顶平行线与中心线交点，沿垂直方向向上移动鼠标，出现追踪线，输入圆弧圆心与捕捉点间距

指定圆弧的起点：@0, 222（按【Enter】键）　　//输入圆弧起点相对于圆弧圆心的坐标

指定圆弧的端点或 [角度(A)/弦长(L)]：a（按【Enter】键）　　//输入选项a，输入圆弧包含角

指定包含角：45（按【Enter】键）　　//输入圆弧包含角

命令：_arc 指定圆弧的起点或 [圆心(C)]：　　//拾取所绘制的圆弧端点

指定圆弧的第二个点或 [圆心(C)/端点(E)]：e（按【Enter】键）　　//输入选项e

指定圆弧的端点：　　　　　　//拾取内侧边墙上端点

指定圆弧的圆心或 [角度(A)/方向(D)/半径(R)]：r（按【Enter】键）　　//输入选项 r
指定圆弧的半径：321（按【Enter】键）　　　　　　　　　　　　//输入圆弧半径
命令：_offset
当前设置：删除源=否　图层=源　OFFSETGAPTYPE=0
指定偏移距离或 [通过(T)/删除(E)/图层(L)] <通过>：25（按【Enter】键）
　　　　　　　　　　　　　　　　　　　//输入内侧圆弧与外侧圆弧间距
选择要偏移的对象，或 [退出(E)/放弃(U)] <退出>：　　//选择圆弧
指定要偏移的那一侧上的点，或 [退出(E)/多个(M)/放弃(U)] <退出>：
　　　　　　　　　　　　　　　　　　　//在选择线外侧拾取一点
选择要偏移的对象，或 [退出(E)/放弃(U)] <退出>：　　//选择另一圆弧
指定要偏移的那一侧上的点，或 [退出(E)/多个(M)/放弃(U)] <退出>：
　　　　　　　　　　　　　　　　　　　//在选择线外侧拾取一点
选择要偏移的对象或 <退出>：（按【Enter】键）　//结束该命令
命令：_mirror（镜像）
选择对象：指定对角点：找到 7 个　　　　　//选择所绘制的边墙线与拱圈线
选择对象：（按【Enter】键）　　　　　　　//选择对象完毕
指定镜像线的第一点：　　　　　　　　　　//拾取中心线上一点
指定镜像线的第一点：指定镜像线的第二点：　//拾取中心线上另一点
是否删除源对象？ [是(Y)/否(N)] <N>：（按【Enter】键）　//确认默认选项（不删除源对象）

增加对象捕捉模式"圆心"，调用直线命令绘制各圆弧圆心之间及圆心与边墙的连线，不必考虑线条的虚实。

② 根据排水沟详图绘制排水沟。设置当前图层为"轮廓线"图层，绘制排水沟的轮廓线。
命令：_line 指定第一点：　　　　　　　//拾取外侧边墙线下端点
指定下一点或 [放弃(U)]：108（按【Enter】键）　//沿垂直方向向下移动鼠标，输入水沟沟底距内轨顶面距离
指定下一点或 [放弃(U)]：25（按【Enter】键）　//沿水平方向向右移动鼠标，输入边墙宽度
指定下一点或 [闭合(C)/放弃(U)]：　　　//沿垂直方向向上移动鼠标拾取内侧边墙下端点
指定下一点或 [闭合(C)/放弃(U)]：（按【Enter】键）　//结束该命令
命令：_line 指定第一点：　　　　　　　//拾取内轨顶面下方内侧边墙下端点
指定下一点或 [放弃(U)]：70（按【Enter】键）　//沿水平方向向右移动鼠标，输入直线长度
指定下一点或 [放弃(U)]：78（按【Enter】键）　//沿垂直方向向上移动鼠标，输入直线长度
指定下一点或 [闭合(C)/放弃(U)]：9（按【Enter】键）//沿水平方向向左移动鼠标，输入直线长度
指定下一点或 [闭合(C)/放弃(U)]：5（按【Enter】键）//沿垂直方向向下移动鼠标，输入盖板高度
指定下一点或 [闭合(C)/放弃(U)]：1（按【Enter】键）//沿水平方向向左移动鼠标，输入盖板间隙
指定下一点或 [闭合(C)/放弃(U)]：5（按【Enter】键）//沿垂直方向向上移动鼠标，输入盖板高度
指定下一点或 [闭合(C)/放弃(U)]：　　　//沿水平方向向左移动鼠标至内侧边墙线出现交点提示，拾取该点
指定下一点或 [闭合(C)/放弃(U)]：（按【Enter】键）　//结束该命令
命令：'_zoom（窗口缩放）
指定窗口角点，输入比例因子 (nX 或 nXP)，或
[全部(A)/中心点(C)/动态(D)/范围(E)/上一个(P)/比例(S)/窗口(W)] <实时>：_w
指定第一个角点：指定对角点：　　　//排水沟盖板间隙由于尺寸较小，无法看清结构，故采用窗口缩放，放大排水沟图形部分
命令：_line 指定第一点：　　　　　//拾取盖板右下端点（长度是 5 的左侧垂直线下端点）

| 指定下一点或 [放弃(U)]: | //沿水平方向向左移动鼠标至内侧边墙线出现交点提示，拾取该点 |

指定下一点或 [放弃(U)]: | //结束该命令

命令: _line 指定第一点: 10（按【Enter】键） | //捕捉盖板左下角点，沿水平方向向右移动鼠标，输入绘制点与捕捉点间距

指定下一点或 [放弃(U)]: 63（按【Enter】键） | //沿垂直方向向下移动鼠标，输入直线长度

指定下一点或 [放弃(U)]: 40（按【Enter】键） | //沿水平方向向右移动鼠标，输入直线长度（水沟内侧宽度）

指定下一点或 [闭合(C)/放弃(U)]: | //沿垂直方向向上移动鼠标至盖板出现交点提示，拾取该点

指定下一点或 [闭合(C)/放弃(U)]:（按【Enter】键） //结束该命令

单击标准工具栏中的"缩放上一个"按钮 🔍，撤销对排水沟图形的缩放显示。

③ 根据电缆沟详图绘制电缆沟。设置当前图层为"轮廓线"图层，绘制电缆沟轮廓线。

命令: _line 指定第一点: | //拾取右侧边墙外侧边墙线下端点

指定下一点或 [放弃(U)]: 70（按【Enter】键） | //沿垂直方向向下移动鼠标，输入直线长度

指定下一点或 [放弃(U)]: 25（按【Enter】键） | //沿水平方向向左移动鼠标，输入边墙厚度

指定下一点或 [闭合(C)/放弃(U)]: | //沿垂直方向向上移动鼠标至内侧边墙线下端点，拾取该点

指定下一点或 [闭合(C)/放弃(U)]:（按【Enter】键） //结束该命令

命令: _line 指定第一点: | //拾取内轨顶面下方右内侧边墙线下端点

指定下一点或 [放弃(U)]: 25（按【Enter】键） | //捕捉排水沟右下角点，沿垂直方向向上移动鼠标，出现追踪线，输入铺底距排水沟底距离

指定下一点或 [放弃(U)]:（按【Enter】键） | //结束该命令

命令: _offset（偏移）

当前设置: 删除源=否　图层=源　OFFSETGAPTYPE=0

指定偏移距离或 [通过(T)/删除(E)/图层(L)] <25.0000>: 10（按【Enter】键）
　　　　　　　　　　　　　　　　　　//输入铺底厚度

选择要偏移的对象，或 [退出(E)/放弃(U)] <退出>:
　　　　　　　　　　　　　　　　　　//选择铺底的底边线

指定要偏移的那一侧上的点，或 [退出(E)/多个(M)/放弃(U)] <退出>:
　　　　　　　　　　　　　　　　　　//在选择线上方拾取一点

选择要偏移的对象，或 [退出(E)/放弃(U)] <退出>:（按【Enter】键）
　　　　　　　　　　　　　　　　　　//结束该命令

命令: _zoom（窗口缩放）

指定窗口角点，输入比例因子 (nX 或 nXP)，或
[全部(A)/中心点(C)/动态(D)/范围(E)/上一个(P)/比例(S)/窗口(W)] <实时>: _w

指定第一个角点: 指定对角点: | //选择电缆沟区域，对该图形区域进行窗口放大

命令: _line 指定第一点: 30（按【Enter】键） | //捕捉右内侧边墙线与内轨顶面交点，沿垂直方向向下移动鼠标，出现追踪线，输入电缆沟距捕捉点距离

指定下一点或 [放弃(U)]: 4（按【Enter】键） | //沿水平方向向左移动鼠标，输入直线长度

指定下一点或 [放弃(U)]: 5（按【Enter】键） | //沿垂直方向向下移动鼠标，输入盖板高度

指定下一点或 [闭合(C)/放弃(U)]: 1（按【Enter】键） | //沿水平方向向左移动鼠标，输入盖板间隙宽度

指定下一点或 [闭合(C)/放弃(U)]: 5（按【Enter】键） | //沿垂直方向向上移动鼠标，输入盖板高度

指定下一点或 [闭合(C)/放弃(U)]：40（按【Enter】键）　//沿水平方向向左移动鼠标，输入盖板长度

指定下一点或 [闭合(C)/放弃(U)]：　//沿垂直方向向下移动鼠标至铺底线出现交点提示，拾取该点

指定下一点或 [闭合(C)/放弃(U)]：（按【Enter】键）　//结束该命令

命令：_line 指定第一点：　//拾取盖板下端点（间隙为1的左侧间隙线下端点）

指定下一点或 [放弃(U)]：6（按【Enter】键）　//沿水平方向向左移动鼠标，输入直线长度

指定下一点或 [放弃(U)]：1（按【Enter】键）　//沿垂直方向向下移动鼠标，输入直线长度

指定下一点或 [闭合(C)/放弃(U)]：23（按【Enter】键）　//沿水平方向向左移动鼠标，输入直线长度

指定下一点或 [闭合(C)/放弃(U)]：1（按【Enter】键）　//沿垂直方向向上移动鼠标，输入直线长度

指定下一点或 [闭合(C)/放弃(U)]：11（按【Enter】键）　//沿水平方向向左移动鼠标，输入直线长度

指定下一点或 [闭合(C)/放弃(U)]：（按【Enter】键）　//结束该命令

命令：_line 指定第一点：10（按【Enter】键）　//捕捉盖板左下角点，沿水平方向向右移动鼠标，输入绘制点与捕捉点间距

指定下一点或 [放弃(U)]：21（按【Enter】键）　//沿垂直方向向下移动鼠标，输入直线长度

指定下一点或 [放弃(U)]：25（按【Enter】键）　//沿水平方向向右移动鼠标，输入直线长度

指定下一点或 [闭合(C)/放弃(U)]：21（按【Enter】键）　//沿垂直方向向上移动鼠标，输入直线长度

指定下一点或 [闭合(C)/放弃(U)]：（按【Enter】键）　//结束该命令

单击标准工具栏中的"缩放上一个"按钮 ，撤销对排水沟图形的缩放显示。将图形保存为"隧道衬砌断面图"。

4. 绘制排水沟详图

从右到左框选排水沟图形部分，在绘图区右击，在弹出的快捷菜单中选择"复制"命令。新建图形文件，在新建的图形文件绘图区右击，在弹出的快捷菜单中选择"粘贴"命令，在绘图区拾取一点，将排水沟图形部分粘贴到新建文件中，且排水沟图形在该文件中以1∶1比例显示。

将图层切换到"其他"层，调用直线命令绘制断开线及流水孔，修剪多余线条。然后设置当前图层为"剖面线"图层，绘制图形的剖面线。保存文件，文件名为"隧道衬砌断面图排水沟及电缆沟详图"。

5. 绘制电缆沟详图

打开文件"隧道衬砌断面图"，从右到左框选电缆沟图形部分，在绘图区右击，在弹出的快捷菜单中选择"复制"命令。打开文件"隧道衬砌断面图排水沟及电缆沟详图"，在绘图区右击，在弹出的快捷菜单中选择"粘贴"命令，在绘图区拾取一点，将电缆沟图形部分粘贴到文件中，且电缆沟图形在该文件中以1∶1比例显示。

将图层切换到"其他"层，调用直线命令绘制断开线及流水孔，修剪多余线条，然后设置当前图层为"剖面线"图层，绘制图形的剖面线，保存文件。

6．文字标注

设置当前图层为"尺寸线"图层。

（1）标注隧道衬砌断面图上的文字

单击"绘图"工具栏中的"正多边形"按钮〇，边数输入 3，其余各项保持默认项，半径的大小用鼠标适度拾取，所绘制的三角形作为内轨顶面的标记符号。调用直线命令绘制坡度表示符号，大小用鼠标适度拾取。单击"绘图"工具栏中的"多行文字"按钮 A，输入文字高度为18，在适当位置拾取对角点，在弹出的"多行文字编辑器"对话框中输入文字"内轨顶面"，单击"确定"按钮，同理分别输入表示坡度的数字 1，5.08 与 i=0.03，其中文字 i=0.03 旋转适当角度，将文字分别移动到适当位置。

（2）标注排水沟详图上的文字

将标注文字"内轨顶面"及前面的三角符号从隧道衬砌断面图复制到详图中适当位置，更改文字"内轨顶面"高度。调用直线命令绘制标注文字与所标注图形间指引线，直线长度用鼠标拾取，复制"内轨顶面"四个字四次，对复制后的"内轨顶面"文字分别双击，在弹出的"多行文字编辑器"对话框中将文字高度更改为 6，文字内容更改为"1 号盖板""流水孔宽 10，间距 40""铺底""C15 号混凝土"，在"多行文字编辑器"对话框中选中文字"C15 号混凝土"中的数字 15，将其字高设置为 4。将文字移动到适当位置。

单击"绘图"工具栏中的"多行文字"按钮 A，输入文字高度为 8，在适当位置拾取对角点，在弹出的"多行文字编辑器"对话框中单击"下画线"按钮，在文本框中输入文字"排水沟详图"，单击"确定"按钮，将文字移动到适当位置。

（3）标注电缆沟详图上的文字

将标注文字"内轨顶面"及前面的三角符号从排水沟详图复制到电缆沟详图中适当位置，调用直线命令绘制标注文字与所标注图形间指引线，直线长度用鼠标拾取，复制文字"内轨顶面"四次，分别双击复制后的"内轨顶面"文字，在弹出的"多行文字编辑器"中将文字更改为"边墙""流水槽宽 4，间距 300～500""铺底""C15 号混凝土"，选中其中文字"C15 号混凝土"中的数字 15，将其字高设置为 4。将文字移动到适当位置。复制文字"排水沟详图"，将文字改为"电缆沟详图"。

7．尺寸标注

（1）标注隧道衬砌断面图尺寸

打开文件"隧道衬砌断面图"，在标注尺寸过程中，选择延伸线原点时，如果捕捉点提示较多将导致拾取点错误，因此可以将对象捕捉模式随时调整，首先设置对象捕捉模式为"端点""交点"。

单击"标注"工具栏中的"标注样式"按钮 ，弹出图 15-3 所示"标注样式管理器"对话框，单击"修改"按钮，弹出图 15-4 所示"修改标注样式：ISO-25"对话框，更改超出尺寸线数值为 6、起点偏移量为 9、箭头第一个为建筑标记、大小为 15，更改后的对话框如图 15-5 所示。

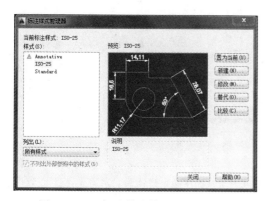

图 15-3　"标注样式管理器"对话框

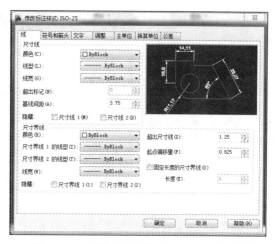

图 15-4　"修改标注样式：ISO-25"对话框

在"修改标注样式：ISO-25"对话框中选择"文字"选项卡，如图 15-6 所示，更改文字高度为 18、从尺寸线偏移为 6。单击"确定"按钮，返回到"标注样式管理器"对话框。在"标注样式管理器"对话框中单击"新建"按钮，弹出图 15-7 所示"创建新标注样式"对话框，在"用于"下拉列表框中选择"角度标注"选项，单击"继续"按钮，弹出类似图 15-5 所示的对话框，在该对话框中更改箭头第一个为"实心闭合"，单击"确定"按钮，返回到"标注样式管理器"对话框，在该对话框中再次单击"新建"按钮，在"用于"下拉列表框中选择"半径标注"选项，单击"继续"按钮，在弹出的对话框中更改箭头第二个为"实心闭合"，单击"确定"按钮，返回到"标注样式管理器"对话框，同理新建用于"引线标注"的标注样式，箭头第一个为"实心闭合"，单击"确定"按钮，退出对话框，标注样式设置完毕。

图 15-5　对选项进行设置的"修改标注样式：ISO-25"对话框

图 15-6　"修改标注样式：ISO-25"对话框的"文字"选项卡

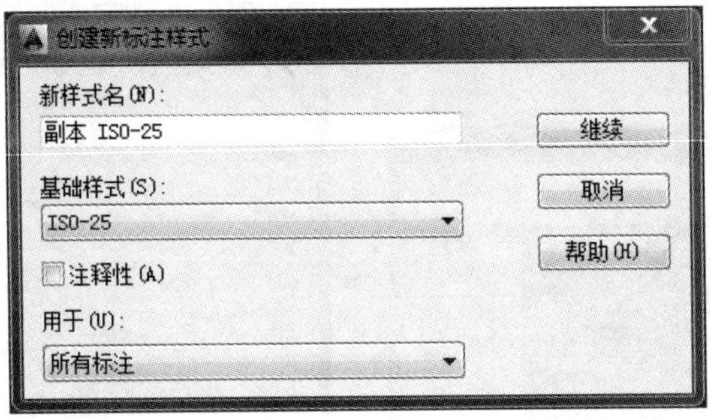

图 15-7   "创建新标注样式"对话框

命令：_qleader（快速引线）

指定第一个引线点或 [设置(S)] <设置>：   //在内轨顶面下边电缆沟与排水沟连接线上方，文字"i=0.03"下方适当位置拾取一点

指定下一点：   //沿电缆沟与排水沟连接线方向向右适当位置拾取一点

指定下一点：（按【Enter】键）

指定文字宽度 <0>：（按【Enter】键）

输入注释文字的第一行 <多行文字(M)>：（按【Enter】键） //在"多行文字编辑器"对话框中不输入任何文字，单击"确定"按钮

命令：_dimradius（半径标注）

选择圆弧或圆：   //选择图形右侧半径为 222 的圆弧

标注文字 =222

指定尺寸线位置或 [多行文字(M)/文字(T)/角度(A)]：   //拾取所选圆弧的右端点

命令：_dimradius（半径标注）

选择圆弧或圆：   //选择图形左侧半径为 321 的圆弧

标注文字 =321

指定尺寸线位置或 [多行文字(M)/文字(T)/角度(A)]：   //拾取所选圆弧的上端点

命令：_explode（分解）

选择对象：找到 1 个   //选择圆弧标注线

选择对象：（按【Enter】键）   //结束该命令

选择半径为 321 的圆弧标注线，单击该标注的无箭头端的关键点，该关键点变为热关键点，拾取该圆弧的圆心（当鼠标在圆弧圆心附近移动时，如果不出现圆弧圆心捕捉点，则设置捕捉模式为"圆心"）。

命令：_dimangular（角度标注）

选择圆弧、圆、直线或 <指定顶点>：   //选择半径为 321 的圆弧端点与该圆弧圆心的连线

选择第二条直线：   //选择半径为 321 的圆弧端点与该圆弧圆心的另一条连线

指定标注弧线位置或 [多行文字(M)/文字(T)/角度(A)]：   //在适当位置拾取一点

标注文字 =33.51

该标注与图中标注不符，在后面的内容中将讲述如何修改此类标注，在此不必修改。

命令：_dimangular（角度标注）

选择圆弧、圆、直线或 <指定顶点>：   //选择半径为 222 的圆弧圆心与圆弧端点的连线的延长线（该延长线为已绘制直线）

选择第二条直线：   //选择中心线

指定标注弧线位置或 [多行文字(M)/文字(T)/角度(A)]：   //在适当位置拾取一点

标注文字 =45

命令：_dimlinear（线性标注）

指定第一条延伸线原点或 <选择对象>：　　　　　　//拾取图形左下角点
指定第二条延伸线原点：　　　　　　　　　　　　//拾取内轨顶面线左端点
指定尺寸线位置或[多行文字(M)/文字(T)/角度(A)/水平(H)/垂直(V)/旋转(R)]：
　　　　　　　　　　　　　　　　　　　　　　//在适当位置拾取一点

标注文字 =108
命令：_dimcontinue（连续标注）
指定第二条延伸线原点或 [放弃(U)/选择(S)] <选择>：//拾取拱圈内侧圆弧顶点
标注文字 =665
指定第二条延伸线原点或 [放弃(U)/选择(S)] <选择>：//拾取拱圈外侧圆弧顶点
标注文字 =25
指定第二条延伸线原点或 [放弃(U)/选择(S)] <选择>：//右击，在弹出的快捷菜单中选择"确认"
　　　　　　　　　　　　　　　　　　　　　　　命令
选择连续标注：（按【Enter】键）　　　　　　//结束该命令
命令：_dimlinear（线性标注）
指定第一条延伸线原点或 <选择对象>：　　　　　//拾取拱圈外侧圆弧顶点
指定第二条延伸线原点：　　　　　　　　　　　//拾取图形左下角点
指定尺寸线位置或[多行文字(M)/文字(T)/角度(A)/水平(H)/垂直(V)/旋转(R)]：
　　　　　　　　　　　　　　　　　　　　　　//在适当位置拾取一点
标注文字 =798　　　　　　　　　　　　　　　//同理进行其他标注

（2）标注排水沟、电缆沟详图

打开绘制排水沟、电缆沟详图的文件，打开"标注样式管理器"设置标注样式：超出尺寸
线数值为2、起点偏移量为3、箭头第一个为建筑标记、箭头大小为5、文字高度为6、从尺寸
线上偏移为 2。标注样式设置完毕后，用线性标注及连续标注命令对图形进行标注，标注方法
与标注隧道衬砌断面图的方法相同。

8．练习

利用阵列命令绘制图 15-8 所示的图形并对图形进行标注。

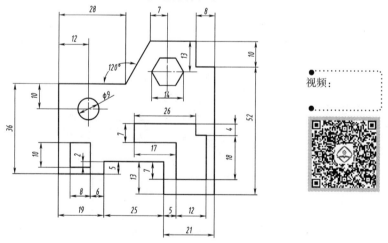

图 15-8　练习

实训十六 | T形桥台台顶构造图的绘制

一、实训目和要求

- 熟练掌握应用各种绘图命令绘制图形的方法；
- 熟练掌握 T 形桥台台顶构造图的绘制方法。

二、实训内容

绘制图 16-1 所示的 T 形桥台台顶构造图。

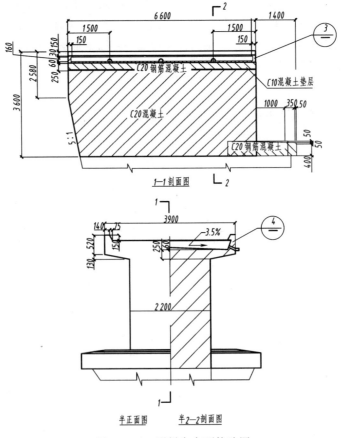

图 16-1 T形桥台台顶构造图

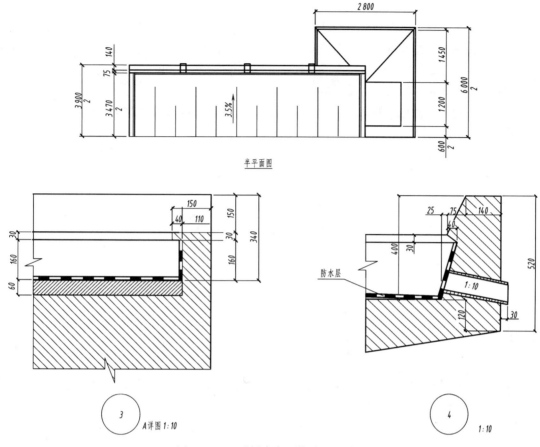

图 16-1　T形桥台台顶构造图（续）

三、相关命令

本实训中主要用到 AutoCAD 2014 命令：构造线（Xline）简易命令[Xl]、直线（Line）简易命令[L]、圆（Circle）简易命令[C]、复制（Copy）简易命令[Co]、偏移（Offset）简易命令[O]、镜像（Mirror）简易命令[Mi]、多行文字（Mtext）简易命令[Mt]、分解（Explode）简易命令[Ex]、旋转（Rotate）简易命令[Ro]、快速引线（Qleader）、线性标注（Dimlinear）、连续标注（Dimcontinue）。主要用到的按钮："窗口缩放"按钮[🔍 窗口]、"比例缩放"按钮、"缩放上一个"按钮[🔍 缩放]、"标注样式"按钮[✏️]、"图层特性"按钮[🗂]、状态栏中的"极轴追踪""对象捕捉追踪""对象捕捉"按钮。主要用到"标注样式管理器"对话框、"多行文字编辑器"对话框和"图层特性管理器"对话框。

四、上机过程

1. 启动 AutoCAD 2014 并新建图形文件

具体操作参见实训一。

2. 绘制图形

图形实际尺寸较大，在绘制图形过程中为了能看到全图或看清局部图形，可使用标准工具栏中的"窗口缩放"按钮、"比例缩放"按钮等图形显示缩放按钮进行切换。设置对象捕捉模式为端点、交点，按下状态栏中的"极轴追踪""对象捕捉追踪""对象捕捉"按钮。

（1）绘制 T 形桥台台顶构造图详图③

单击"图层"工具栏中的"图层特性"按钮，弹出"图层特性管理器"对话框，设置图层如图 16-2 所示。

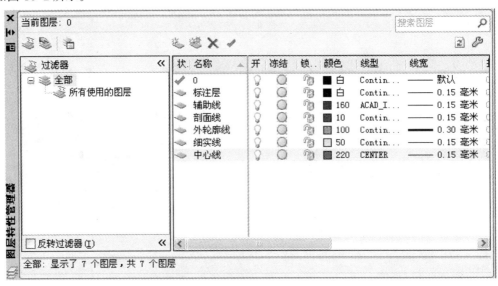

图 16-2　"图层特性管理器"对话框

单击"图层"工具栏中的图层下拉按钮，在弹出的下拉列表框中选择"辅助线"图层，此时"辅助线"图层成为当前图层。在该图层上绘制辅助线。辅助线一般调用构造线命令（XLINE）绘制，步骤如下：

命令：_xline 指定点或 [水平(H)/垂直(V)/角度(A)/二等分(B)/偏移(O)]:

　　　　　　　　　　　　　　　　　　　//在绘图区任意拾取一点

指定通过点：　　　　　　　　　　　　　//沿水平方向拾取一点

指定通过点：　　　　　　　　　　　　　//沿垂直方向拾取一点

指定通过点：（按【Enter】键）　　　　//结束该命令

单击"图层"工具栏中的图层下拉按钮，在弹出的下拉列表框中选择"轮廓线"图层，此时轮廓线图层成为当前层。在该图层上绘制图形轮廓线，步骤如下：

命令：_line 指定第一点：　　　　　　　//拾取辅助线交点

指定下一点或 [放弃(U)]: 700（按【Enter】键）　//沿水平方向向右移动鼠标，输入水平线长
　　　　　　　　　　　　　　　　　　　　　度，该长度不确定，但不得小于 150

指定下一点或 [放弃(U)]: 700（按【Enter】键）　//沿垂直方向向下移动鼠标，输入垂直线长
　　　　　　　　　　　　　　　　　　　　　度，该长度不确定，但不得小于 400

指定下一点或 [闭合(C)/放弃(U)]:（按【Enter】键）　//结束该命令

命令：_zoom（比例缩放）

指定窗口角点，输入比例因子 (nX 或 nXP)，或

[全部(A)/中心点(C)/动态(D)/范围(E)/上一个(P)/比例(S)/窗口(W)] <实时>: _s

输入比例因子 (nX 或 nXP)：0.2（铵【Enter】键）　　　//设置显示比例为 0.2
命令：_copy（复制）
选择对象：找到 1 个　　　　　　　　　　　　　　//选择水平轮廓线
选择对象：（按【Enter】键）　　　　　　　　　//选择对象完毕
指定基点或 [位移(D)/模式(O)] <位移>：指定第二个点或 <使用第一个点作为位移>:150（按【Enter】键）
　　　　　　　　　　　　　　//任意拾取一点，沿垂直方向向下移动鼠标，输入水平线间距
指定第二个点或 [退出(E)/放弃(U)] <退出>:180（按【Enter】键）
　　　　　　　　　　　　　　　　//保持鼠标方向不变，输入水平线间距
指定第二个点或 [退出(E)/放弃(U)] <退出>：340（按【Enter】键）
　　　　　　　　　　　　　　　　//保持鼠标方向不变，输入水平线间距
指定第二个点或 [退出(E)/放弃(U)] <退出>：400（按【Enter】键）
　　　　　　　　　　　　　　　　//保持鼠标方向不变，输入水平线间距
指定第二个点或 [退出(E)/放弃(U)] <退出>：（按【Enter】键）
　　　　　　　　　　　　　　　　//结束该命令

命令：_copy（复制）
选择对象：找到 1 个　　　　　　　　　　　　　　//选择垂直轮廓线
选择对象：（按【Enter】键）　　　　　　　　　//选择对象完毕
指定基点或 [位移(D)/模式(O)] <位移>：指定第二个点或 <使用第一个点作为位移>:110（按【Enter】键）
　　　　　　　　　　　　　//任意拾取一点，沿水平方向向左移动鼠标，输入垂直线间距
指定第二个点或 [退出(E)/放弃(U)] <退出>:150（按【Enter】键）
　　　　　　　　　　　　　　　　//保持鼠标方向不变，输入垂直线间距
指定第二个点或 [退出(E)/放弃(U)] <退出>：（按【Enter】键）　//结束该命令

　　使用"修剪"命令修剪多余线条，这里不再赘述修剪线条步骤。需要将右侧第二条垂直轮廓线在交点处打断，打断后上方线型为轮廓线，而下方为虚线，步骤如下：
命令：_break 选择对象：　　　　　　　　　//选择需打断的直线
指定第二个打断点或 [第一点(F)]：f（按【Enter】键）　　　//输入第一个打断点选项
指定第一个打断点：　　　　　　　　//拾取该直线与水平线交点（不是该直线端点）
指定第二个打断点：@（按【Enter】键）　　　//输入选项@，说明第二个打断点与第一个打断
　　　　　　　　　　　　　　　　点为同一点

　　选择最下方水平线与被打断轮廓线下方直线，单击"图层"工具栏中的图层下拉按钮，在弹出下拉列表框中选择"虚线"图层，此时选择线成为图层"虚线"上的图形，同时选择线特点与图层"虚线"所设置线型、线宽、颜色相符。
　　调用"多线"命令绘制防水层，首先设置多线样式。在命令行中输入 MLSTYLE 命令，弹出图 16-3 所示"多线样式"对话框，单击"修改"按钮，弹出图 16-4 所示"修改多线样式"对话框，该多线默认由两条线构成，分别偏移中心正负 0.5、颜色随层、线型 ByLayer。分别选择两条线，将下方"偏移"文本框中数值正负 0.5 更改为正负 0.3，单击"多线样式"对话框中的"新建"按钮，"新样式名"文本框中名称处于待编辑状态，输入新多线样式名称，如 AA，单击"继续"按钮后，再次单击"确定"按钮。选择 AA 样式，单击"置为当前"按钮，再单击"确定"按钮后，返回到绘图区。多线特性设置完毕。在"图层"工具栏中将当前图层设置为"轮廓线"图层，在该图层上绘制防水层。

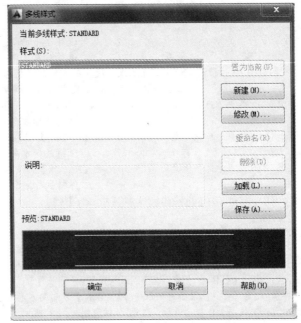

图 16-3   "多线样式"对话框

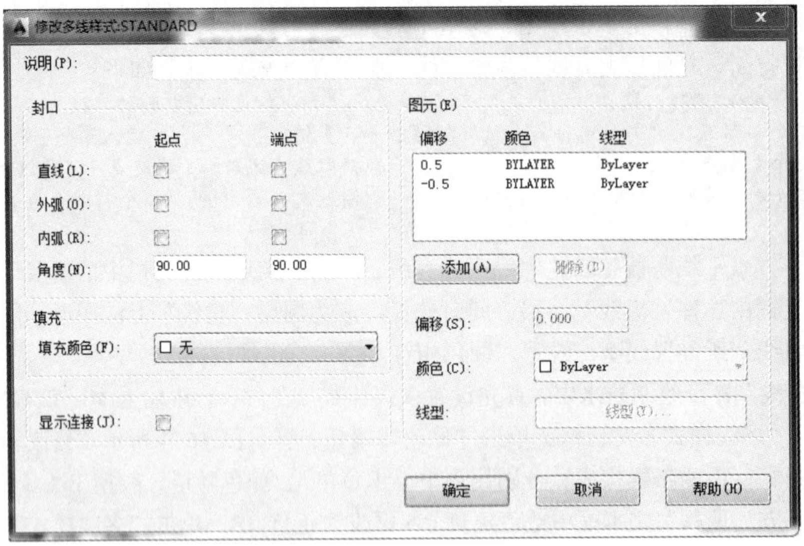

图 16-4   "修改多线样式"对话框

操作步骤如下：

命令：_mline（多线）

当前设置：对正 = 上，比例 = 20.00，样式 = AA

指定起点或 [对正(J)/比例(S)/样式(ST)]：j（按【Enter】键）

由提示可以看出对正方式为上，即拾取某一点时，多线上线与拾取点重合。本例中应选择多线下线与拾取点重合，选择设置对正方式选项。

输入对正类型 [上(T)/无(Z)/下(B)] <上>：b（按【Enter】键）   //输入对正类型选项 b

当前设置：对正 = 下，比例 = 20.00，样式 = AA
指定起点或 [对正(J)/比例(S)/样式(ST)]：　　　//拾取最下方水平轮廓线左端点
指定下一点：　　　　　　　　　　　　　//沿水平方向向右移动鼠标至适当位置拾取一点
指定下一点或 [放弃(U)]：（按【Enter】键）　//结束该多线命令
命令：_copy（复制）　　　　　　　　　//选择所绘制多线
选择对象：指定对角点：找到 1 个
选择对象：
当前设置：　复制模式 = 多个　　　　　　//选择对象完毕
指定基点或 [位移(D)/模式(O)] <位移>：指定第二个点或 <使用第一个点作为位移>：
　　　　　　　　　　　　　　　　　　//沿水平方向向右移动鼠标在适当位置拾取一点
指定第二个点或 [退出(E)/放弃(U)] <退出>：　//沿水平方向向右移动鼠标在适当位置拾取一点
指定第二个点或 [退出(E)/放弃(U)] <退出>：　//沿水平方向向右移动鼠标在适当位置拾取一点
指定第二个点或 [退出(E)/放弃(U)] <退出>：　//沿水平方向向右移动鼠标在适当位置拾取一点
指定第二个点或 [退出(E)/放弃(U)] <退出>：　//沿水平方向向右移动鼠标在适当位置拾取一点
指定第二个点或 [退出(E)/放弃(U)] <退出>：（按【Enter】键）//多线复制完毕，结束该命令

同理绘制垂直方向多线作为防水层。防水层绘制完毕后，在防水层上方及左侧绘制直线，使防水层图形完整。

单击"图层"工具栏中的图层下拉按钮，在弹出下拉列表中选择 0 图层，此时图层 0 成为当前图层，在该层上调用直线命令绘制断开线。

图 16-1 所示详图③除尺寸标注外其余部分均以实际尺寸绘制完毕，根据要求详图③应该以 1∶10 比例绘制，因此应将绘制完的图形尺寸放大 10 倍，步骤如下：

命令：_scale（缩放）
选择对象：指定对角点：找到 31 个　　　　//选择绘制的所有图形
选择对象：（按【Enter】键）　　　　　　//选择对象完毕
指定基点：　　　　　　　　　　　　　//在图形上任意拾取一点
指定比例因子或 [参照(R)]：10（按【Enter】键）　//输入放大倍数

单击"标注"工具栏中的"标注样式"按钮，弹出"标注样式管理器"对话框，设置文字高度为 240、文字从尺寸线上偏移 80、箭头样式为倾斜、箭头大小为 150、尺寸界线起点偏移量 120、尺寸界线超出尺寸线 80。由于所绘制图形比实际尺寸放大 10 倍，在进行尺寸标注时，所测量出数值将相应放大 10 倍，但是尺寸标注要求所标注的是图形实际尺寸，不是放大或缩小尺寸，通过设置"标注样式"可以实现此目的。在"标注样式管理器"对话框中选择"主单位"选项卡，在该选项卡中设置测量单位比例"比例因子"为 0.1。

单击"图层"工具栏中的图层下拉按钮，在弹出的下拉列表框中选择"尺寸线"图层，此时"尺寸线"图层成为当前图层，在该图层上调用"线性标注"命令或"线性标注"命令配合"连续标注"命令标注尺寸，尺寸文字位置可以通过关键点对其进行编辑。

单击"绘图"工具栏中的"图案填充"按钮，弹出"图案填充和渐变色"对话框，选择图案 ANSI31、角度 90°、比例 8，单击"添加：拾取点"按钮，拾取图形下方闭合区域内任意一点后确认（按【Enter】键或右击选择"确认"命令），返回到"图案填充和渐变色"对话框，单击"确定"按钮。另一区域填充设置角度 0、比例 4，其他各项与前一填充图案相同。

设置"虚线层"为当前图层，关闭所有其他图层，在绘图区只能看到图形中虚线部分，选择所有虚线图形后右击，在弹出的快捷菜单中选择"特性"命令，弹出图 16-5 所示"特性"对话框，在该对话框中第四项为"线型比例"，默认为 1，将线型比例更改为 5，关闭该对话框，

详图③绘制完毕。

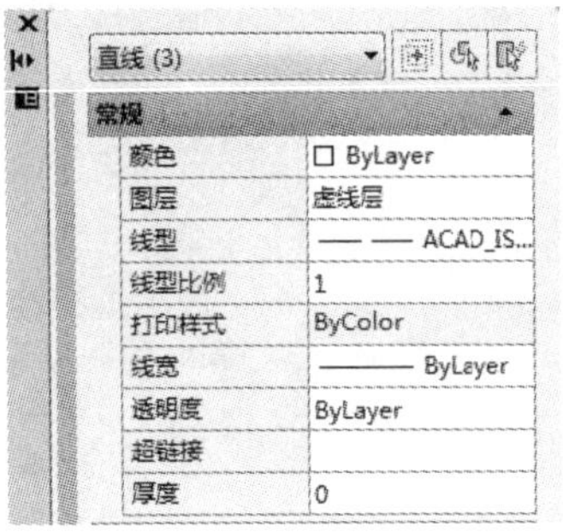

图 16-5   "特性"对话框

（2）绘制 T 型桥台台顶构造图详图④

图 16-1 所示详图④与详图③比例相同，绘制方法与详图③的绘制方法基本相同，可应用原有的图层设置及标注样式设置。

命令: _zoom（比例缩放）
指定窗口角点，输入比例因子（nX 或 nXP），或
[全部(A)/中心点(C)/动态(D)/范围(E)/上一个(P)/比例(S)/窗口(W)] <实时>: _s
输入比例因子（nX 或 nXP）: 0.2（按【Enter】键）   //设置显示比例为 0.2，以实际尺寸绘制
                                                                            详图④

命令: _pan（实时平移）
按【Esc】键或【Enter】键退出，或右击显示快捷菜单。移动图形至适当位置。
设置"辅助线"图层为当前图层，在该图层上绘制辅助线，操作步骤如下:
命令: _xline
XLINE 指定点或 [水平(H)/垂直(V)/角度(A)/二等分(B)/偏移(O)]: //在适当位置拾取一点
指定通过点: //沿水平方向拾取一点
指定通过点: //沿垂直方向拾取一点
指定通过点:（按【Enter】键）   //结束辅助线绘制

设置"轮廓线"图层为当前图层，绘制轮廓线，步骤如下:
命令: _line 指定第一点: //拾取辅助线交点
指定下一点或 [放弃(U)]:   //沿水平方向适当位置拾取一点（该水平线为
                                                                            详图④中左侧最上方水平线，长度不确定）
指定下一点或 [放弃(U)]: @75,150（按【Enter】键）   //输入下一点相对坐标
指定下一点或 [闭合(C)/放弃(U)]: 140（按【Enter】键）//沿水平方向向右移动鼠标，输
                                                                            入水平直线长度
指定下一点或 [闭合(C)/放弃(U)]: 520（按【Enter】键）//沿垂直方向向下移动鼠标，输
                                                                            入垂直直线长度
指定下一点或 [闭合(C)/放弃(U)]: @-850,-130（按【Enter】键）//输入下一点相对坐标
指定下一点或 [闭合(C)/放弃(U)]:（按【Enter】键）   //结束该命令
命令: _trim
当前设置:投影=UCS, 边=无
选择剪切边...
选择对象或 <全部选择>: 找到 1 个   //选择垂直辅助线
选择对象:（按【Enter】键）   //选择剪切边完毕
选择要修剪的对象，或按住 Shift 键选择要延伸的对象，或

[栏选(F)/窗交(C)/投影(P)/边(E)/删除(R)/放弃(U)]：　　　//选择垂直辅助线左侧斜线部分
选择要修剪的对象，或按住 Shift 键选择要延伸的对象，或
[栏选(F)/窗交(C)/投影(P)/边(E)/删除(R)/放弃(U)]：（按【Enter】键）　　　//修剪完毕
命令：_line 指定第一点：　　　　　　　　　　　　//拾取第一条水平直线端点
指定下一点或 [放弃(U)]：@40，-30（按【Enter】键）　　　//输入下一点相对坐标
指定下一点或 [放弃(U)]：@-65，-220（按【Enter】键）　　//输入相对坐标
指定下一点或 [闭合(C)/放弃(U)]：@-1710，60（按【Enter】键）　//输入相对坐标
指定下一点或 [闭合(C)/放弃(U)]：（按【Enter】键）　　　//结束该命令
命令：_trim
当前设置：投影=UCS，边=无
选择剪切边…
选择对象或 <全部选择>：找到 1 个　　　　　　　　//选择垂直辅助线
选择对象：（按【Enter】键）　　　　　　　　　　//选择对象完毕
选择要修剪的对象，或按住 Shift 键选择要延伸的对象，或
[栏选(F)/窗交(C)/投影(P)/边(E)/删除(R)/放弃(U)]：
　　　　　　　　　　　　　　　　　　　　　　　//选择垂直辅助线左侧斜线部分
选择要修剪的对象，或按住 Shift 键选择要延伸的对象，或
[栏选(F)/窗交(C)/投影(P)/边(E)/删除(R)/放弃(U)]：（按【Enter】键）
　　　　　　　　　　　　　　　　　　　　　　　//结束该命令
命令：_erase　　　　　　　　　　　　　　　　　//选择删除按钮
选择对象：找到 1 个　　　　　　　　　　　　　　//选择另一条直线
选择对象：（按【Enter】键）　　　　　　　　　　//结束该命令
命令：_line 指定第一点：　　　　　　//拾取图中所绘制相对坐标为（@40，-30）点
指定下一点或 [放弃(U)]：　　//沿水平方向向左移动鼠标至垂直辅助线，出现交点提示，拾取该点
指定下一点或 [放弃(U)]：（按【Enter】键）　　　//结束该命令

继续调用直线命令绘制泄水管，调用多线命令绘制防水层，绘图步骤自行练习。设置"虚线"图层为当前图层，调用直线命令，拾取防水层交点并沿水平方向向左追踪至垂直辅助线交点为虚线两端点。选择该虚线，单击标准工具栏中的"特性"按钮 ，弹出图 16-5 所示的"特性"对话框，在该对话框中第四项为"线型比例"，默认为 1，将线型比例更改为 5，关闭该对话框。删除图中辅助线，设置图层 0 成为当前图层，在该层上调用直线命令绘制断开线。选中详图④全部图形，将实际尺寸放大 10 倍。放大后图形以 0.2 显示比例显示时看不到完整图形，改变显示比例为 0.02。

单击"图层"下拉按钮，在弹出的下拉列表框中选择"尺寸线"图层，此时"尺寸线"图层成为当前图层，在该图层上调用"线性标注"命令或"线性标注"命令配合"连续标注"命令标注尺寸，尺寸文字位置可以通过关键点对其进行编辑。

单击"绘图"工具栏中的"图案填充"按钮，弹出"图案填充和渐变色"对话框，单击"继承特性"按钮 ，返回到绘图区，选择详图③中剖面线，拾取与所选剖面线比例相同的详图④中内部点，选择完毕后确认，返回到"图案填充和渐变色"对话框，单击"确定"按钮填充完毕。同理填充详图④中其他剖面线，详图④绘制完毕。

（3）绘制 1—1 剖面图
设置当前图层为"辅助线"图层，在该图层上绘制辅助线。
命令：_xline
XLINE 指定点或 [水平(H)/垂直(V)/角度(A)/二等分(B)/偏移(O)]：
　　　　　　　　　　　　　//在适当位置拾取一点

指定通过点：   //沿水平方向拾取一点
指定通过点：   //沿垂直方向拾取一点
指定通过点：（按【Enter】键）   //结束该命令

设置当前图层为"轮廓线"图层。

命令：_line 指定第一点：   //拾取辅助线交点
指定下一点或 [放弃(U)]：6600（按【Enter】键）   //沿水平方向向右移动鼠标，输入直线长度
指定下一点或 [放弃(U)]：3100（按【Enter】键）   //沿垂直方向向下移动鼠标，输入直线长度
指定下一点或 [闭合(C)/放弃(U)]：1000（按【Enter】键）
                                         //沿水平方向向右移动鼠标，输入直线长度
指定下一点或 [闭合(C)/放弃(U)]：500（按【Enter】键）
                                         //沿垂直方向向下移动鼠标，输入直线长度
指定下一点或 [闭合(C)/放弃(U)]：   //沿水平方向向左移动鼠标至辅助线，出现交
                                         点提示，拾取该点
指定下一点或 [闭合(C)/放弃(U)]：（按【Enter】键） //结束该命令
命令：_line 指定第一点：   //拾取辅助线交点
指定下一点或 [放弃(U)]：1580（按【Enter】键）   //沿垂直方向向下移动鼠标，输入直线长度
指定下一点或 [放弃(U)]：@1000,-5000（按【Enter】键）
                                   //输入下一点相对坐标，该坐标根据 5：1 比例估算得来
指定下一点或 [闭合(C)/放弃(U)]：（按【Enter】键） //结束该命令
命令：_lengthen（拉长✐）
选择对象或 [增量(DE)/百分数(P)/全部(T)/动态(DY)]：   //选择图形最下方水平线
当前长度：7000.0000
选择对象或 [增量(DE)/百分数(P)/全部(T)/动态(DY)]：de（按【Enter】键） //输入增量选项
输入长度增量或 [角度(A)] <0.0000>：200（按【Enter】键）   //输入增量值
选择要修改对象或 [放弃(U)]：   //选择水平线右端
选择要修改对象或 [放弃(U)]：（按【Enter】键）   //结束该命令

选择被拉长水平直线后，选择图层"虚线"，此时所选直线变为虚线，当前图层不变。

命令：_line 指定第一点：   //拾取虚线右端点
指定下一点或 [放弃(U)]：   //沿垂直方向向下移动鼠标至适当位置拾取一点
指定下一点或 [放弃(U)]：   //沿水平方向向左拾取一点，绘制断开线
指定下一点或 [闭合(C)/放弃(U)]：   //继续绘制断开线，在适当位置拾取一点
指定下一点或 [闭合(C)/放弃(U)]：   //继续绘制断开线，在适当位置拾取一点
指定下一点或 [闭合(C)/放弃(U)]：   //继续绘制断开线，在适当位置拾取一点
指定下一点或 [闭合(C)/放弃(U)]：   //继续绘制断开线，在适当位置拾取一点
指定下一点或 [闭合(C)/放弃(U)]：   //继续绘制断开线，在适当位置拾取一点
指定下一点或 [闭合(C)/放弃(U)]：   //继续绘制断开线，在适当位置拾取一点
指定下一点或 [闭合(C)/放弃(U)]：   //继续绘制断开线，沿水平方向向左移动鼠标至斜线，出
                                         现交点提示，拾取该点
指定下一点或 [闭合(C)/放弃(U)]：（按【Enter】键）   //结束该命令
命令：_trim（修剪）
当前设置：投影=UCS，边=无
选择剪切边...
选择对象：找到 1 个   //选择断开线左侧直线
选择对象：（按【Enter】键）   //选择剪切边完毕
选择要修剪的对象，或按住 Shift 键选择要延伸的对象，或
[栏选(F)/窗交(C)/投影(P)/边(E)/删除(R)/放弃(U)]：   //选择斜线在断开线的下方部分
选择要修剪的对象，或按住 Shift 键选择要延伸的对象，或

[栏选(F)/窗交(C)/投影(P)/边(E)/删除(R)/放弃(U)]:（按【Enter】键）　　//结束该命令

断开线应该是细实线，选择断开线后，选择图层 0，此时断开线变成 0 层图形，当前图层不变。

命令：_line 指定第一点：　　　　　　　　　　　//拾取虚线右端点
指定下一点或 [放弃(U)]：200（按【Enter】键）　　//沿水平方向向右移动鼠标，输入直线长度
指定下一点或 [放弃(U)]：400（按【Enter】键）　　//沿垂直方向向上移动鼠标，输入直线长度
指定下一点或 [闭合(C)/放弃(U)]：@-50,50（按【Enter】键）
　　　　　　　　　　　　　　　　　　//输入下一点相对坐标（倒角）
指定下一点或 [闭合(C)/放弃(U)]：　　　　//拾取顶帽上端点（图形上方右侧垂直线下端点）
指定下一点或 [闭合(C)/放弃(U)]：（按【Enter】键）　　//结束该命令
命令：_trim（修剪）
当前设置：投影=UCS，边=无
选择剪切边...
选择对象：找到 1 个　　　　　　　　　　//选择顶帽斜线作为剪切边（最后绘制线型）
选择对象：　　　　　　　　　　　　　　//剪切边选择完毕
选择要修剪的对象，或按住 Shift 键选择要延伸的对象，或
[栏选(F)/窗交(C)/投影(P)/边(E)/删除(R)/放弃(U)]:
　　　　　　　　　　　　　　　　　　//选择顶帽需剪掉直线部分
选择要修剪的对象，或按住 Shift 键选择要延伸的对象，或
[栏选(F)/窗交(C)/投影(P)/边(E)/删除(R)/放弃(U)]:（按【Enter】键）
　　　　　　　　　　　　　　　　　　//结束该命令
命令：_copy（复制）
选择对象：指定对角点：找到 1 个　　　　　//选择上方水平轮廓直线
选择对象：　　　　　　　　　　　　　　//选择对象完毕
指定基点或 [位移(D)/模式(O)] <位移>：指定第二个点或 <使用第一个点作为位移>：150（按
【Enter】键）
　　　　　　　　　//任意拾取一点，沿垂直方向向下移动鼠标，输入两直线距离
指定第二个点或 [退出(E)/放弃(U)] <退出>：180（按【Enter】键）
　　　　　　　　　　　　　　　　//保持鼠标方向不变，输入两直线距离
指定第二个点或 [退出(E)/放弃(U)] <退出>：340（按【Enter】键）
　　　　　　　　　　　　　　　　//保持鼠标方向不变，输入两直线距离
指定第二个点或 [退出(E)/放弃(U)] <退出>：400（按【Enter】键）
　　　　　　　　　　　　　　　　//保持鼠标方向不变，输入两直线距离
指定第二个点或 [退出(E)/放弃(U)] <退出>：650（按【Enter】键）
　　　　　　　　　　　　　　　　//保持鼠标方向不变，输入两直线距离
指定第二个点或 [退出(E)/放弃(U)] <退出>：（按【Enter】键）//结束该命令
命令：_copy（复制）
选择对象：指定对角点：找到 1 个　　　　　//选择最左侧垂直轮廓线
选择对象：　　　　　　　　　　　　　　//选择对象完毕
指定基点或 [位移(D)/模式(O)] <位移>：指定第二个点或 <使用第一个点作为位移>:110（按
【Enter】键）
　　　　　　　　　　　//任意拾取一点，沿水平方向向右移动鼠标，
　　　　　　　　　　　//输入两直线距离
指定第二个点或 [退出(E)/放弃(U)] <退出>：150（按【Enter】键）
　　　　　　　　　　　　　　　　//保持鼠标方向不变，输入两直线距离
指定第二个点或 [退出(E)/放弃(U)] <退出>：6450（按【Enter】键）
　　　　　　　　　　　　　　　　//保持鼠标方向不变，输入两直线距离
指定第二个点或 [退出(E)/放弃(U)] <退出>：6490（按【Enter】键）
　　　　　　　　　　　　　　　　//保持鼠标方向不变，输入两直线距离

指定第二个点或 [退出(E)/放弃(U)] <退出>:（按【Enter】键）　//结束该命令
命令：_zoom（窗口缩放）
指定窗口角点，输入比例因子 (nX 或 nXP)，或
[全部(A)/中心点(C)/动态(D)/范围(E)/上一个(P)/比例(S)/窗口(W)] <实时>: _w
指定第一个角点：指定对角点：

选择窗口缩放命令，将台顶上方放大，放大后，图形在编辑、修剪时能够准确选择。

调用"修剪"命令，修剪多余线条，修剪完毕后，将图形中应该是虚线的轮廓线选中后，选择图层"虚线"，改变所选直线所在图层同时所选直线线型、线宽、颜色均与其所在图层设置相一致。调用圆命令绘制泄水管，将当前图层设置为"虚线"图层，调用直线命令将剩余线条绘制完毕。

调用"多行文字"命令 **A**，对所绘制图形进行文字标注，步骤如下：
命令：_mtext 当前文字样式:"Standard"　当前文字高度:2.5
指定第一角点：　　　　　　　　　　　　//在适当位置拾取一点
指定对角点或 [高度(H)/对正(J)/行距(L)/旋转(R)/样式(S)/宽度(W)]: h（按【Enter】键）
　　　　　　　　　　　　　　　　　　//输入设置文字高度选项
指定高度 <2.5>: 240（按【Enter】键）
　　　　　　　　　　　　　　　　　　//输入文字高度
指定对角点或 [高度(H)/对正(J)/行距(L)/旋转(R)/样式(S)/宽度(W)]:

在适当位置拾取一点，弹出图 16-6 所示"多行文字编辑器"对话框，在该对话框中输入文字"C20 钢筋混凝土"，选择其中 20，在"文字高度"下拉列表中选择或输入 120，单击"确定"按钮，该文字标注完毕，回到绘图区。该图中用于文字标注的文字格式一致，复制该文字三次，对复制所得文字进行修改即可，步骤如下：
命令：_copy（复制）
选择对象：找到 1 个　　　　　　　　　//选择标注文字"C20 钢筋混凝土"
选择对象:(按【Enter】键)　　　　　　//选择对象完毕
指定基点或 [位移(D)/模式(O)] <位移>: 指定第二个点或 <使用第一个点作为位移>:
　　　　　　　　　　　　　　　　　　//任意拾取一点
指定位移第二点或 <用第一点作位移>:　//适当位置拾取一点
指定位移第二点或 <用第一点作位移>:　//适当位置拾取一点
指定位移第二点或 <用第一点作位移>:　//适当位置拾取一点
指定位移第二点或 <用第一点作位移>:（按【Enter】键）　　//结束该命令

双击复制的标注文字，弹出图 16-6 所示对话框，更改其中文字，单击"确定"按钮即可，将修改后文字移动到适当位置，文字标注完毕。

对该图进行尺寸标注时，尺寸文本测量比例应该取 1，其他各项设置与详图③、④相同，因此应新建标注样式，除测量比例外各项设置均与详图③所用标注样式设置相同。选择"标注"→"标注样式"命令，弹出"标注样式管理器"对话框，在该对话框中单击"新建"按钮，弹出图 16-7 所示"创建新标注样式"对话框，对话框中默认新样式名为"副本 ISO-25"，该文本框处于编辑状态，可输入新名称，也可以应用默认名称，单击"继续"按钮，在弹出的对话框中选择"主单位"选项卡，在"比例因子"文本框中输入 1，单击"确定"按钮，返回图 16-8 所示对话框，在对话框左侧上方可以看到说明"当前标注样式：ISO-25"，选择下方的"副本 ISO-25"选项，单击"置为当前"按钮，此时左侧上方说明变成"当前标注样式：副本 ISO-25"，单击"关闭"按钮，标注样式设置完毕。

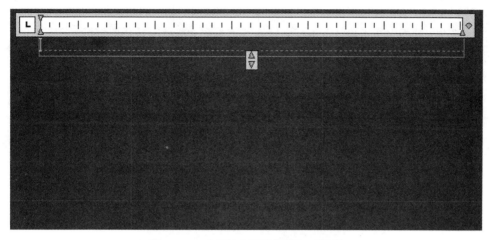

图 16-6　"多行文字编辑器"对话框

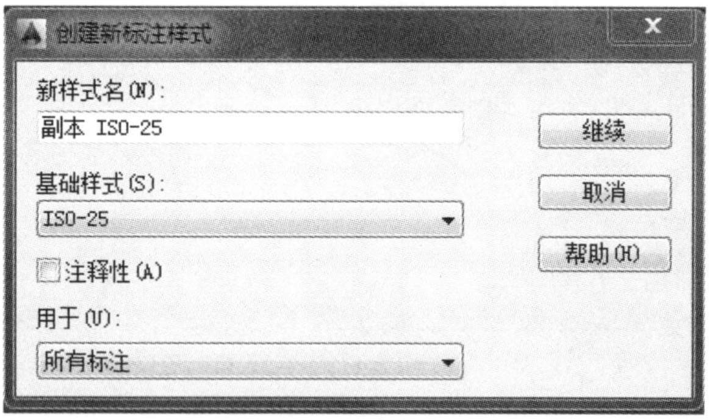

图 16-7　"创建新标注样式"对话框

图 16-8　新建标注样式"副本 ISO-25"

设置当前图层为"尺寸线"图层，在该图层上调用"线性标注"命令或"线性标注"命令配合"连续标注"命令标注尺寸。

单击"绘图"工具栏中的"图案填充"按钮，弹出"图案填充和渐变色"对话框，单击"继承特性"按钮 ，返回到绘图区，选择详图③中的剖面线，拾取与所选剖面线比例相同的 1—1 剖面图内部点，选择完毕后确认，返回到"图案填充和渐变色"对话框，更改"角度"，单击"确定"按钮，填充完毕。

设置当前图层为"轮廓线"图层，调用直线命令绘制剖视方向线，标注剖切符号。

半正面图、半 2—2 剖面图、半平面图绘制方法与 1—1 剖面图绘制方法相同，用户可自行练习。

实训十七 | 三维实体建模

一、实训目的和要求

- 熟练掌握三维实体的建模方法和技巧；
- 熟练掌握实体尺寸的表示方法；
- 熟练掌握坐标变换的方法；
- 熟练掌握多视口处理方法；
- 熟练掌握布尔运算的基本方法。

二、实训内容

绘制图 17-1 所示的带轮图。

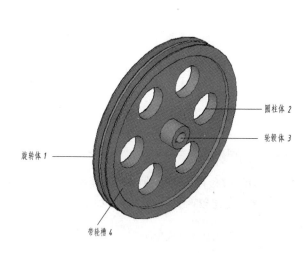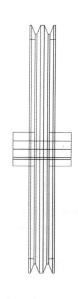

圆柱体 2

轮毂体 3

旋转体 1

带轮槽 4

图 17-1　带轮

三、相关命令

本实训中主要用到的 AutoCAD 2014 命令：旋转（Revolve）、创建三维实体圆柱（Cylinder）、阵列（Array）、差集（Subtract）、合并（Pedit）、圆角（Fillet）。主要用到的按钮：状态栏上的"极轴追踪""对象捕捉追踪""对象捕捉"按钮。主要用到"对象捕捉"选项卡。

四、上机过程

1. 启动 AutoCAD 2014 并新建图形文件

具体操作参见实训一。

2. 绘制图形

在这个模型中，涉及的对象包括一个旋转特征的基本体，以及圆柱孔特征和一个带有轮毂特征的孔特征。因此，可以首先通过旋转特征创建基本体，然后建立圆柱孔特征实体并阵列，随后通过多段线方式建立轮毂截面特征，通过拉伸操作建立轴拉伸孔特征实体，然后通过布尔运算建立最终特征。

（1）建立基本体

建立基本体截面特征，基本特征截面如图 17-2 所示，在这个图形中使用了平面视图操作中的直线、镜像、偏移等命令。

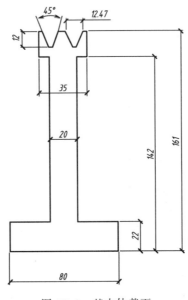

图 17-2　基本体截面

与平面命令不同的是，最后需要采用 PEDIT 命令将这些单独的线条编辑为统一的多段线，否则进行三维建模时将形成曲面而非实体，这一点比较重要。具体操作如下：

```
命令: _pedit
选择多段线或 [多条(M)]:                     //选择一条线段
选定的对象不是多段线
是否将其转换为多段线? <Y> (按【Enter】键) //将其转换为多段线
输入选项 [闭合(C)/合并(J)/宽度(W)/编辑顶点(E)/拟合(F)/样条曲线(S)/非曲线化(D)/线
型生成(L)/放弃(U)]: j                      //选择合并方式
选择对象:                                 //依次选择其他线段对象
选择对象: (按【Enter】键)
输入选项 [闭合(C)/合并(J)/宽度(W)/编辑顶点(E)/拟合(F)/样条曲线(S)/非曲线化(D)/线
型生成(L)/放弃(U)]: (按【Enter】键)
```

注 意

不选择最下面的直线段。否则，在进行旋转时将出现自交现象而无法生成实体。

建立旋转体，切换到三维建模空间，启动旋转命令。

命令：_ revolve
选择要旋转的对象：   //选择多段线
选择要旋转的对象(按【Enter】键)
指定轴起点或根据以下选项之一定义轴 [对象(O)/17/Y/Z] <对象>：   //选择最下面直线
　　　　　　　　　　　　　　　　　　　　　　　　　　　　　　　段左端点

指定轴端点：   //选择最下面直线段右端点
指定旋转角度或 [起点角度(ST)] <360>：(按【Enter】键)
最终结果如图 17-3 所示。

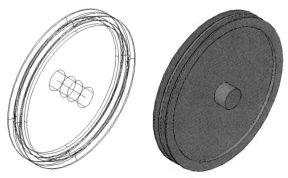

图 17-3　旋转基本体

（2）建立圆柱孔特征

要建立孔特征，首先需要建立一个与孔特征完全一样的圆柱体特征，将其移动到适当的位置，然后进行阵列生成其他孔实体，最后进行差集计算即可。

切换到左视图中。

启动圆柱体命令。

命令：_cylinder
指定底面的中心点或 [三点(3P)/两点(2P)/切点、切点、半径(T)/椭圆(E)]：
　　　　　　　　　　//采用捕捉方式，捕捉中心圆圆心，注意不要单击，向上移动鼠标输入 90
指定底面半径或 [直径(D)]：30   //输入半径 30
指定高度或 [两点(2P)/轴端点(A)]：60   //输入高度 60
结果如图 17-4 所示。

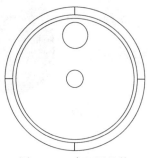

图 17-4　建立圆柱体

切换到主视图，观察当前圆柱体效果，如图 17-5 所示，该圆柱体未与旋转体相交。移动后效果如图 17-6 所示。

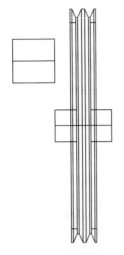

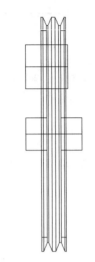

图 17-5　主视图效果　　　　　　　　　　　　　　图 17-6　移动后的效果

移动圆柱体到适当位置，采用移动命令即可。

命令: _move
选择对象: 找到 1 个　　　　　　　　　　　//选择圆柱体
选择对象: (按【Enter】键)
指定基点或 [位移(D)] <位移>:　　　　　　//在圆柱体线条上选择一点
指定基点或 [位移(D)] <位移>: 指定第二个点或 <使用第一个点作为位移>:
　　　　　　　　　　　　　　　　　//采用正交方式向右移动，到图 17-6 所示位置

现在我们应该明白为什么定义圆柱体高度为 60 了，因为该高度并不重要，输入任意值即可，只要大于旋转体壁厚即可，这样就可以实现通孔。

切换到主视图，如图 17-4 所示。采用阵列操作，生成其他圆柱体特征。

启动 ARRAY 命令，系统弹出"阵列"对话框。选择环形阵列，阵列数目为 6，阵列中心为大圆圆心，选择圆柱体为阵列对象，单击"确定"按钮，结果如图 17-7 所示。

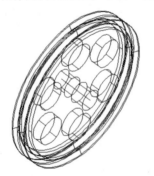
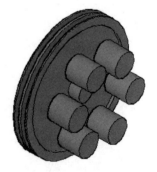

图 17-7　生成阵列结果

启动差集命令，生成孔特征。
命令: _subtract

选择要从中减去的实体或面域……
选择对象：　　　　　　　　　　　//选择旋转体特征
选择对象：（按【Enter】键）
选择要从中减去的实体或面域……
选择对象：　　　　　　　　　　　//选择六个圆柱体
选择对象：（按【Enter】键）

（3）建立拉伸孔特征

拉伸孔特征可以采用与前面圆柱孔特征一样的方式处理，命令比较简单。这里采用坐标变换后的方式，该坐标平面位于中间圆柱体端面上。

建立用户坐标系。

命令：_ucs
当前 UCS 名称：*世界*
指定 UCS 的原点或 [面(F)/命名(NA)/对象(OB)/上一个(P)/视图(V)/世界(W)/17/Y/Z/Z轴(ZA)] <世界>：
正在检查 561 个交点。
指定 17 轴上的点或 <接受>：　　　　//选择段面圆右侧象限点
指定 17Y 平面上的点或 <接受>：　　//选择段面圆上侧象限点

注意观察该坐标系的方位，如图 17-8 所示。

切换到主视图。绘制一个轮毂截面，如图 17-9 所示，注意观察坐标系坐标方向。

图 17-8　建立用户坐标系

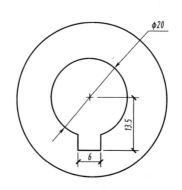

图 17-9　建立截面

生成拉伸实体。

首先采用 PEDIT 命令将整个截面编辑成一个多段线，然后启动拉伸命令。

命令：_extrude
当前线框密度：ISOLINES=4
选择要拉伸的对象：　　　　//选择1个
选择要拉伸的对象：（按【Enter】键）
指定拉伸的高度或 [方向(D)/路径(P)/倾斜角(T)] <60.0000>:-80

此时建立的特征体如图 17-10 所示。该实体恰恰位于中间圆柱体内，而不必进行移动处理。

注意，如果发现方位不对，可以采用移动处理方式。

采用差集生成轮毂孔，结果如图 17-11 所示。

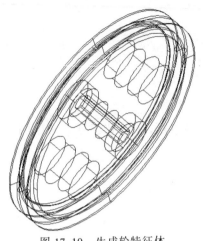

图 17-10　生成轮特征体　　　　　　图 17-11　生成孔特征

（4）建立圆角

启动圆角命令，选择凹槽边作为圆角对象。具体操作如下：

命令：fillet
当前设置：模式 = 修剪，半径 = 0.0000
选择第一个对象或 [放弃(U)/多段线(P)/半径(R)/修剪(T)/多个(M)]://选择凹槽边
输入圆角半径：2　　　　　　　　　　　　　　　　//输入半径值
选择边或 [链(C)/半径(R)]:　　　　　　　　　　 //重复选择该边
选择边或 [链(C)/半径(R)]:（按【Enter】键）

最终结果如图 17-1 所示。

3. 练习

利用拉伸、旋转等命令绘制图 17-12 所示图形。

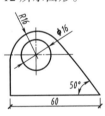

图 17-12　练习

实训十八 | 图 形 输 出

一、实训目的和要求

- 熟练掌握桥台的绘制方法；
- 熟练布局的使用及图形的输出方法。

二、实训内容

绘制图 18-1 所示的训练图。

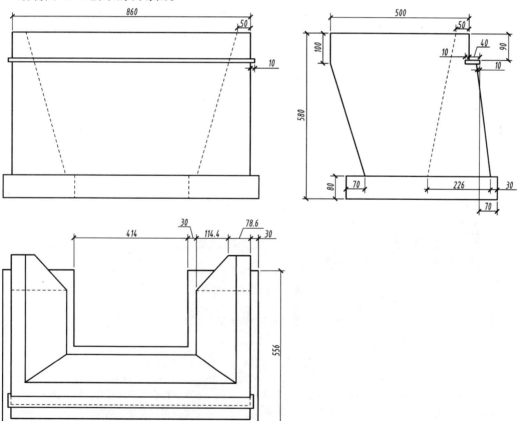

图 18-1　训练图

三、相关命令

本实训中主要用到的 AutoCAD 2014 命令：直线（Line）、矩形（Rectang）简易命令[Rec]、复制（Copy）简易命令[Co]、偏移（Offset）简易命令[O]、镜像（Mirror）简易命令[Mi]、拉伸（Stretch）简易命令[S]、多行文字（Mtext）简易命令[Mt]、半径标注（Dimradius）、角度标注（Dimangular）、线性标注（Dimlinear）、对齐标注（Dimaligned）、连续标注（Dimcontinue）。主要用到的按钮："缩放范围"按钮 、"标注样式"按钮 （Dimstyle）、"图层特性"按钮 （Layer）、"图案填充"按钮 （Bhatch）简易命令[Bh]，状态栏上的"极轴追踪"【F10】、"对象捕捉追踪"【F11】、"对象捕捉"【F3】按钮。主要用到"标注样式管理器"对话框、"多行文字编辑器"对话框和"图层特性管理器"对话框。

四、上机过程

1. 启动 AutoCAD 2014 并新建图形文件

具体操作参见实训 ·。

2. 绘制图形

单击"图层"工具栏中的"图层特性"按钮 ，弹出"图层特性管理器"对话框，设置图层如图 18-2 所示。

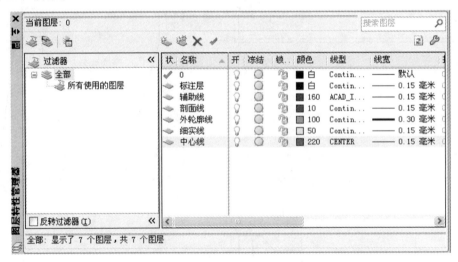

图 18-2　图层设置结果

设置当前图层为"中心线"图层，调用直线命令绘制坐标轴（步骤略）。

（1）绘制桥台正面图

设置当前图层为"外轮廓线"图层，调用直线命令绘制外轮廓线。

命令：_line 指定第一点：　　　　　　　　　　//在坐标左上方任取一点
指定下一点或 [放弃(U)]：860（按【Enter】键）　//沿水平方向向右移动鼠标，输入外轮廓线长度
指定下一点或 [放弃(U)]：80（按【Enter】键）　//沿垂直方向向上移动鼠标，输入外轮廓线长度
指定下一点或 [放弃(U)]：30（按【Enter】键）　//沿水平方向向左移动鼠标，输入外轮廓线长度
指定下一点或 [放弃(U)]：400（按【Enter】键）　//沿垂直方向向上移动鼠标，输入外轮廓线长度
指定下一点或 [放弃(U)]：10（按【Enter】键）　//沿水平方向向右移动鼠标，输入外轮廓线长度

指定下一点或 [放弃(U)]:10（按【Enter】键）　　　//沿垂直方向向上移动鼠标，输入外轮廓线长度
指定下一点或 [放弃(U)]: 10（按【Enter】键）　　　//沿水平方向向左移动鼠标，输入外轮廓线长度
指定下一点或 [放弃(U)]:90（按【Enter】键）　　　//沿垂直方向向上移动鼠标，输入外轮廓线长度
指定下一点或 [放弃(U)]: 430（按【Enter】键）　　　//沿水平方向向左移动鼠标，输入外轮廓线长度
　　　　　　　　　　　　　　　　　　　　　　　　　//结束该命令

命令：mi（按【Enter】键）
MIRROR
选择对象：指定对角点：找到 9 个　　　　　　　　//选择刚才用直线命令绘制的全部图形
选择对象：
指定镜像线的第一点：　　　　　　　　　　　　　　//选中图中的第一个点
指定镜像线的第二点：　　　　　　　　　　　　　　//选中图中的最后一个点
要删除源对象吗？[是(Y)/否(N)] <N>:（按【Enter】键）　//结束该命令

（2）绘制桥台侧面图

命令：_line指定第一点：　　　//打开对象追踪按钮，在左视图区域中选取与正视图最底端在同
　　　　　　　　　　　　　　　　一直线上的点
　　　　　　　　　　　　　　//拾取辅助线中点
指定下一点或 [放弃(U)]: 556（按【Enter】键）　　//沿水平方向向右移动鼠标，输入外轮廓线长度
指定下一点或 [放弃(U)]:80（按【Enter】键）　　　//沿垂直方向向上移动鼠标，输入外轮廓线长度
指定下一点或 [放弃(U)]: 556（按【Enter】键）　　//沿水平方向向左移动鼠标，输入外轮廓线长度
指定下一点或 [闭合(C)/放弃(U)]: c（按【Enter】键）　　//闭合
命令：L
LINE 指定第一点：30（按【Enter】键）　　　　　//从左上端点处追踪，水平向左，输
　　　　　　　　　　　　　　　　　　　　　　　　　入 30，得到第一个点
指定下一点或 [放弃(U)]: @-50,400（按【Enter】键）//通过相对位移找到直线的另一点
　　　　　　　　　　　　　　　　　　　　　　　　　//结束该命令

命令：L
LINE 指定第一点：10（按【Enter】键）　　　　　//沿水平方向向左移动鼠标，输入外
　　　　　　　　　　　　　　　　　　　　　　　　　轮廓线长度
指定下一点或 [放弃(U)]:10（按【Enter】键）　　//沿垂直方向向上移动鼠标，输入外
　　　　　　　　　　　　　　　　　　　　　　　　　轮廓线长度
指定下一点或 [放弃(U)]:50（按【Enter】键）　　//沿水平方向向左移动鼠标，输入外
　　　　　　　　　　　　　　　　　　　　　　　　　轮廓线长度
指定下一点或 [放弃(U)]:5（按【Enter】键）　　//沿垂直方向向下移动鼠标，输入外
　　　　　　　　　　　　　　　　　　　　　　　　　轮廓线长度
LINE 指定第一点：c（按【Enter】键）　　　　　//闭合
　　　　　　　　　　　　　　　　　　　　　　　　　//结束该命令

命令：L
LINE 指定第一点：10　　　　　　　　　　　　　　//从右上端点处追踪，水平向右，输
　　　　　　　　　　　　　　　　　　　　　　　　　入 10，得到直线的第一个点
指定下一点或 [放弃(U)]:90（按【Enter】键）　　//沿垂直方向向上移动鼠标，输入外
　　　　　　　　　　　　　　　　　　　　　　　　　轮廓线长度
指定下一点或 [放弃(U)]:500（按【Enter】键）　//沿水平方向向左移动鼠标，输入外
　　　　　　　　　　　　　　　　　　　　　　　　　轮廓线长度
指定下一点或 [放弃(U)]:100（按【Enter】键）　//沿垂直方向向下移动鼠标，输入外
　　　　　　　　　　　　　　　　　　　　　　　　　轮廓线长度
指定下一点或 [放弃(U)]: @124,-400（按【Enter】键）//通过相对位移找到直线的另一点
　　　　　　　　　　　　　　　　　　　　　　　　　//结束该命令

（3）绘制桥台平面图

由图 18-3 所示的三视图对应关系可知图中各直线的对应关系。

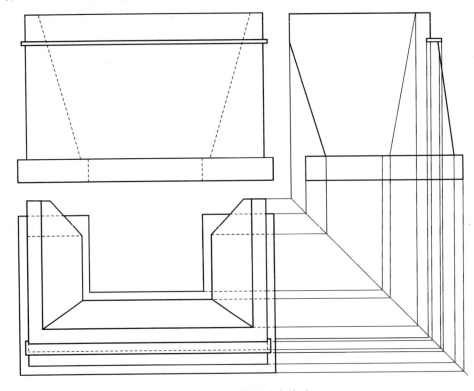

图 18-3　三视图对应关系

```
命令：L
LINE 指定第一点：                                    //从正视图左边界追踪一点
指定下一点或 [放弃(U)]：556（按【Enter】键）        //沿垂直方向向下移动鼠标，输入外轮廓
                                                        线长度
指定下一点或 [放弃(U)]：920（按【Enter】键）        //沿水平方向向左移动鼠标，输入外轮廓
                                                        线长度
指定下一点或 [闭合(C)/放弃(U)]：556（按【Enter】键）//沿垂直方向向上移动鼠标，输入外轮廓线
                                                        长度
指定下一点或 [闭合(C)/放弃(U)]：30（按【Enter】键）  //沿水平方向向右移动鼠标，输入
                                                        外轮廓线长度
指定下一点或 [放弃(U)]：54（按【Enter】键）          //沿垂直方向向上移动鼠标，输入外轮廓
                                                        线长度
指定下一点或 [放弃(U)]：78.6（按【Enter】键）        //沿水平方向向左移动鼠标，输入外轮廓
                                                        线长度
指定下一点或 [放弃(U)]：@-114.4,-124（按【Enter】键）//输入相对位移
指定下一点或 [放弃(U)]：230（按【Enter】键）         //沿垂直方向向下移动鼠标，输入外轮廓
                                                        线长度
指定下一点或 [放弃(U)]：@143,-96（按【Enter】键）    //输入相对位移
指定下一点或 [闭合(C)/放弃(U)]：450（按【Enter】键）//沿垂直方向向上移动鼠标，输入
                                                        外轮廓线长度
                                                    //结束该命令
```

命令：L
LINE 指定第一点：　　　　　　　　　　　　//选中上一点，如图 18-4 所示

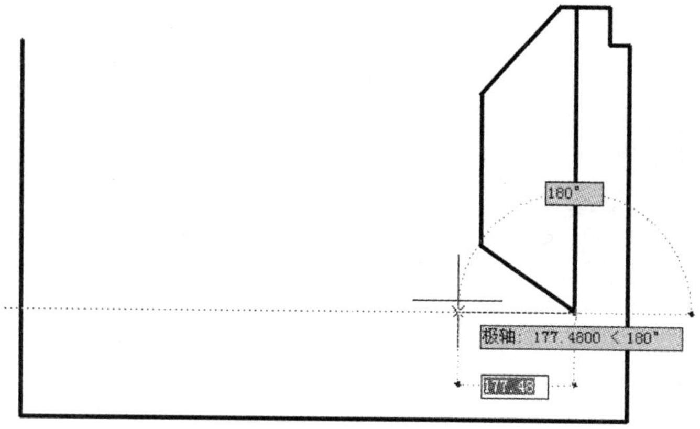

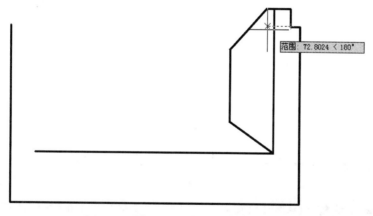

图 18-4　绘图过程 1

指定下一点或 [闭合(C)/放弃(U)]：760（按【Enter】键）　//沿水平方向向左移动鼠标，输入外
　　　　　　　　　　　　　　　　　　　　　　　　　　轮廓线长度
　　　　　　　　　　　　　　　　　　　　　　　//结束该命令

命令：L
LINE 指定第一点：　　　　　　　　　　　//从点 A 追踪与斜线的交点作为起点，如图 18-5 所示

图 18-5　绘图过程 2

指定下一点或 [闭合(C)/放弃(U)]：94.58（按【Enter】键）　//沿水平方向向左移动鼠标，输
　　　　　　　　　　　　　　　　　　　　　　　　　　　入外轮廓线长度
指定下一点或 [放弃(U)]：270（按【Enter】键）　　　//沿垂直方向向下移动鼠标，输
　　　　　　　　　　　　　　　　　　　　　　　　　　入外轮廓线长度
指定下一点或 [闭合(C)/放弃(U)]：414（按【Enter】键）　//沿水平方向向左移动鼠标，输
　　　　　　　　　　　　　　　　　　　　　　　　　　　入外轮廓线长度
　　　　　　　　　　　　　　　　　　　　　　　//结束该命令

命令：L
LINE 指定第一点：　　　　　　　　　　　//选择点 B 作为直线起点，如图 18-6 所示
指定下一点或 [闭合(C)/放弃(U)]：474（按【Enter】键）　//沿水平方向向左移动鼠标，输入
　　　　　　　　　　　　　　　　　　　　　　　　　　外轮廓线长度
　　　　　　　　　　　　　　　　　　　　　　　//结束该命令

命令：L
LINE 指定第一点：　　　　　　　　　　　　　　　　//选择点 A 作为直线起点，如图 18-7 所示

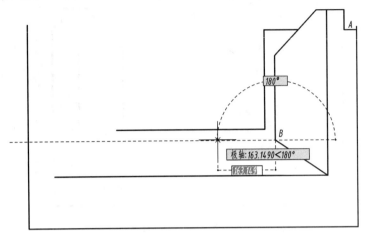

图 18-6　绘图过程 3

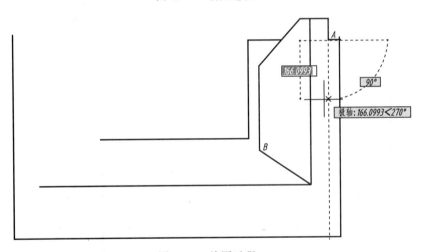

图 18-7　绘图过程 4

指定下一点或 [闭合(C)/放弃(U)]：436（按【Enter】键）　　//沿垂直方向向下移动鼠标，输入
　　　　　　　　　　　　　　　　　　　　　　　　　　　　　外轮廓线长度

指定下一点或 [闭合(C)/放弃(U)]：10（按【Enter】键）　　//沿水平方向向右移动鼠标，输入
　　　　　　　　　　　　　　　　　　　　　　　　　　　　　外轮廓线长度

指定下一点或 [闭合(C)/放弃(U)]：50（按【Enter】键）　　//沿垂直方向向下移动鼠标，输入
　　　　　　　　　　　　　　　　　　　　　　　　　　　　　外轮廓线长度

指定下一点或 [闭合(C)/放弃(U)]：880（按【Enter】键）　　//沿水平方向向左移动鼠标，输入
　　　　　　　　　　　　　　　　　　　　　　　　　　　　　外轮廓线长度
　　　　　　　　　　　　　　　　　　　　　　　　　　　　//结束该命令

命令：L
LINE 指定第一点:10（按【Enter】键）　　　　//从点 C 水平向左追踪 10，找到直线起点，如图 18-8 所示
指定下一点或 [闭合(C)/放弃(U)]：40（按【Enter】键）　　//沿水平方向向下移动鼠标，输入
　　　　　　　　　　　　　　　　　　　　　　　　　　　　　外轮廓线长度

指定下一点或 [闭合(C)/放弃(U)]：860（按【Enter】键）   //沿水平方向向左移动鼠标，输入
                                        外轮廓线长度
                                        //结束该命令

命令：L
LINE 指定第一点：   //选中点 D，如图 18-9 所示

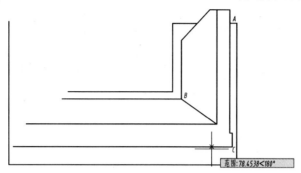

图 18-8 绘图过程 5

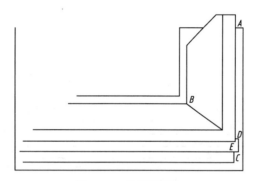

图 18-9 绘图过程 6

指定下一点或 [闭合(C)/放弃(U)]：10（按【Enter】键）   //沿垂直方向向下移动鼠标，输入
                                        外轮廓线长度，得到点 E
指定下一点或 [闭合(C)/放弃(U)]：860（按【Enter】键）   //沿水平方向向左移动鼠标，输入
                                        外轮廓线长度
                                        //结束该命令

转换辅助线层为当前层。
命令：L
LINE 指定第一点：   //选中点 D
指定下一点或 [闭合(C)/放弃(U)]：860（按【Enter】键）   //沿水平方向向左移动鼠标，输入
                                        外轮廓线长度
                                        //结束该命令

命令：L
LINE 指定第一点：   //选中点 E，如图 18-10 所示
指定下一点或 [闭合(C)/放弃(U)]：30（按【Enter】键）   //沿垂直方向向下移动鼠标，输入
                                        外轮廓线长度，得到点 F
指定下一点或 [闭合(C)/放弃(U)]：860（按【Enter】键）   //沿水平方向向左移动鼠标，输入
                                        外轮廓线长度
                       //选中直线 EF，切换到外轮廓线层。当前层仍为辅助线层
                       //结束该命令

命令: L
LINE 指定第一点: //选中点 A, 如图 18-11 所示

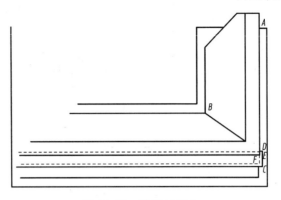

图 18-10　绘图过程 7

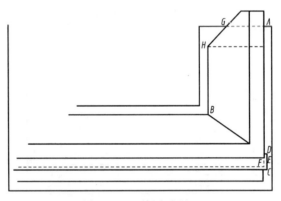

图 18-11　绘图过程 8

指定下一点或 [闭合(C)/放弃(U)]:   //选中点 G, 即连接 AG
                                             //结束该命令

命令: L
LINE 指定第一点: //选中点 H
指定下一点或 [闭合(C)/放弃(U)]:   //作点 H 到直线 AD 的垂线, 垂足即为该点
                                             //结束该命令

命令: mi
MIRROR
选择对象: 找到 1 个
选择对象: 找到 1 个, 总计 2 个
选择对象: 找到 1 个, 总计 3 个
选择对象: 找到 1 个, 总计 4 个
选择对象: 找到 1 个, 总计 5 个
选择对象: 指定对角点: 找到 2 个, 总计 7 个
选择对象: 指定对角点: 找到 2 个, 总计 9 个
选择对象: 指定对角点: 找到 1 个, 总计 10 个
选择对象: 指定对角点: 找到 1 个, 总计 11 个
选择对象: 指定对角点: 找到 1 个, 总计 12 个
选择对象: 指定对角点: 找到 1 个, 总计 13 个
选择对象: 指定对角点: 找到 2 个, 总计 15 个

选择对象：指定对角点：找到 2 个，总计 17 个
选择对象：找到 1 个，总计 18 个
选中图 18-12 中所选内容。选中后右击确认。

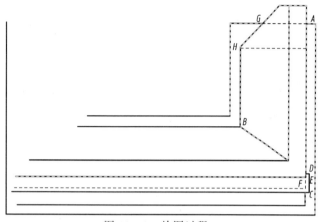

图 18-12　绘图过程 9

选择对象：
指定镜像线的第一点：指定镜像线的第二点：
要删除源对象吗？[是(Y)/否(N)] <N>：(按【Enter】键)　　//在图形垂直中线上找到任意
　　　　　　　　　　　　　　　　　　　　　　　　两点作为镜像的点
　　　　　　　　　　　　　　　　　　　　　　　　//结束该命令

（4）标注

运用前面讲述的方法进行标注，此处不赘述。

（5）图纸

标准 A3 图纸为 420×297，首先绘制出标准 A3 图框及标题栏（此步略），如图 18-13 所示。

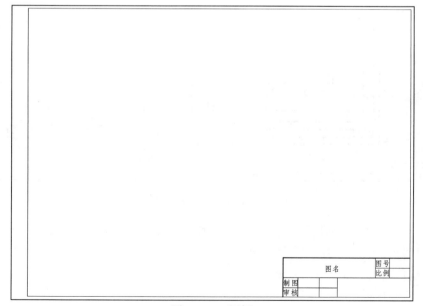

图 18-13　图框

然后计算一下整个图的尺寸。

图水平方向大约 1 800，垂直方向大约 1 600。与 A3 图纸进行对比，大约需要放大 6 倍。因此，把 A3 图框放大六倍。

命令：sc
SCALE
选择对象：指定对角点：找到 7 个（按【Enter】键）　　//选定整个图框
指定基点：　　　　　　　　　　　　　　　　　　　　//以左下角的点为基准点
指定比例因子或 [复制(C)/参照(R)] <1.0000>: 5（按【Enter】键）　　//放大倍数为 5
　　　　　　　　　　　　　　　　　　　　　　　　　//结束该命令

最后，把图移进图框中。

命令：m
MOVE
选择对象：指定对角点：找到 86 个　　　　　　　　//右击确认
指定基点或 [位移(D)] <位移>:　　　　　　　　　//以图形的中心点为位移的基点
指定第二个点或 <使用第一个点作为位移>://以图框中的中心点为位移的第二点，如图 18-14 所示

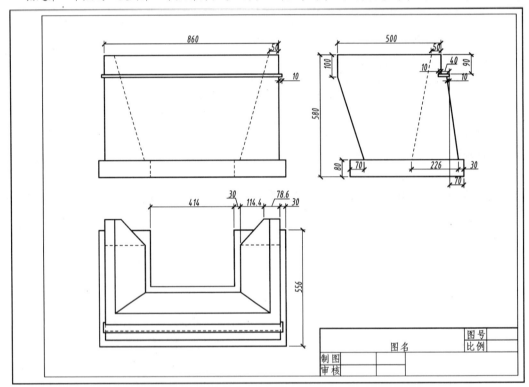

图 18-14　指定第二点

选择 ▲ →"文件"→"打印"命令，弹出"打印-模型"对话框，如图 18-15 所示。

在"打印机/绘图仪"名称下拉列表框中选择相应的打印机设备，图纸的大小选择 A3 图纸，打印范围选择"窗口"，然后在绘图窗口中选择图形的范围，打印比例选择"布满图纸"，单击"确定"按钮即可。

图 18-15　"打印"模型对话框

实训十九 | 综合练习一

一、实训目的和要求

- 综合应用各种绘图命令绘制图形；
- 熟练掌握二维图形的绘制。

二、实训内容

绘制图 19-1 所示的混凝土拱形涵洞图。

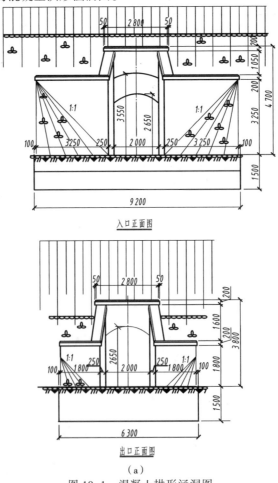

（a）

图 19-1　混凝土拱形涵洞图

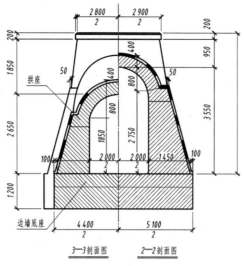

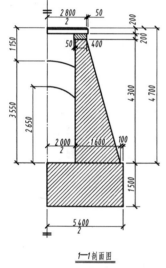

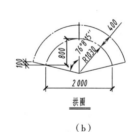

拱圈

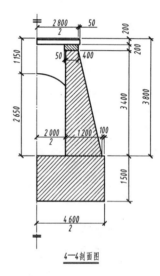

（b）

图 19-1　混凝土拱形涵洞图（续）

三、相关命令

本实训中主要用到的 AutoCAD 2014 命令：构造线（Xline）简易命令[Xl]、直线（Line）简易命令[L]、矩形（Rectang）简易命令[Rec]、倒角（Chamfer）简易命令[Cha]、圆弧（Arc）简易命令[A]、复制（Copy）简易命令[Co]、偏移（Offset）简易命令[O]、镜像（Mirror）简易命令[Mi]、拉伸（Stretch）简易命令[S]、打断（Break）简易命令[Br]、多行文字（Mtext）简易命令[Mt]、分解（Explode）简易命令[Ex]、旋转（Rotate）简易命令[Ro]、半径标注（Dimradius）、角度标注（Dimangular）、线性标注（Dimlinear）、对齐标注（Dimaligned）、连续标注（Dimcontinue）。主要用到的按钮："缩放范围"按钮、"标注样式"按钮、"图层特性"按钮、"图案填充"按钮（Bhatch）简易命令[Bh]，"阵列"按钮（Array）简易命令[Ar]、"移动"

按钮 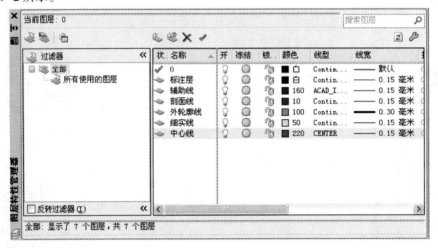（Move）简易命令[M]，状态栏中的"极轴追踪"【F10】按钮、"对象捕捉追踪"【F11】按钮、"对象捕捉"【F3】按钮。主要用到"标注样式管理器"对话框、"多行文字编辑器"对话框和"图层特性管理器"对话框。

四、上机过程

1. 启动 AutoCAD 2014 并新建图形文件

具体操作参见实训一。

2. 绘制图形

单击"图层"工具栏中的"图层特性"按钮，弹出"图层特性管理器"对话框，设置图层如图 19-2 所示。

图 19-2　图层设置结果

（1）绘制拱圈

设置当前图层为"中心线"图层，调用直线命令绘制中心线及绘图辅助线，操作步骤如下：

命令：_line 指定第一点：　　　　　　　//在绘图区任意拾取一点作为辅助线左端点

指定下一点或 [放弃(U)]：2800（按【Enter】键）//沿水平方向向右移动鼠标，输入辅助线长度（该长度可任意设置）

指定下一点或 [放弃(U)]：（按【Enter】键）　　　//结束该命令

命令：_line 指定第一点：　　　　　　　//拾取辅助线中点

指定下一点或 [放弃(U)]：1500（按【Enter】键）//沿垂直方向向上移动鼠标，输入中心线长度

指定下一点或 [放弃(U)]：（按【Enter】键）　　　//结束该命令

命令：'_zoom（比例缩放）

指定窗口角点，输入比例因子 (nX 或 nXP)，或

[全部(A)/中心点(C)/动态(D)/范围(E)/上一个(P)/比例(S)/窗口(W)] <实时>：_s

输入比例因子 (nX 或 nXP)：0.02（按【Enter】键）

图形实际尺寸较大，按比例 1 : 1 显示看不到完整图形，因此应对图形显示比例进行缩放，输入比例因子为 0.02。

设置当前图层为"轮廓线"图层，继续绘制图形步骤如下：

命令：_arc 指定圆弧的起点或 [圆心(C)]：c（按【Enter】键）//输入绘制圆弧圆心选项 c

指定圆弧的圆心：　　　　　　　　　　　　　　//拾取辅助线与中心线交点

指定圆弧的起点：@0,1030（按【Enter】键）　　//输入圆弧起点与圆弧圆心点相对坐标

指定圆弧的端点或 [角度(A)/弦长(L)]：a（按【Enter】键）//输入绘制圆弧角度选项 a

指定包含角：76.1374（按【Enter】键）//输入圆弧包含角（76°8′15″换算为 76.1374°）

命令：_offset

当前设置：删除源=否　图层=源　OFFSETGAPTYPE=0

指定偏移距离或 [通过(T)/删除(E)/图层(L)] <通过>：400（按【Enter】键）//输入两圆弧间距

选择要偏移的对象，或 [退出(E)/放弃(U)] <退出>：　　　　　　//选择已绘制圆弧

指定要偏移的那一侧上的点，或 [退出(E)/多个(M)/放弃(U)] <退出>：

　　　　　　　　　　　　　　　　　　　　　　//在选择圆弧外侧拾取一点

指定要偏移的那一侧上的点，或 [退出(E)/多个(M)/放弃(U)] <退出>：（按【Enter】键）

　　　　　　　　　　　　　　　　　　//结束该命令

命令：_line 指定第一点：　　　　　　　　　　//拾取圆弧端点

指定下一点或 [放弃(U)]：　　　　　　　　　　//拾取另一圆弧端点

指定下一点或 [放弃(U)]：　　　　　　　　　　//拾取辅助线与中心线交点

指定下一点或 [闭合(C)/放弃(U)]：（按【Enter】键）　//结束该命令

选择辅助线、中心线交点与内侧圆弧端点连线，单击"对象特性"工具栏中的图层下拉按钮，选择"中心线"图层，使所选线成为"中心线"图层上的图形，当前图层不变。

命令：_mirror（镜像）

选择对象：指定对角点：找到 4 个　　　　　　//选择除中心线及辅助线外所有图形

选择对象：　　　　　　　　　　　　　　　　//选择对象完毕

指定镜像线的第一点：　　　　　　　　　　　//拾取中心线上一点

指定镜像线的第二点：　　　　　　　　　　　//沿垂直方向移动鼠标，任意拾取一点

是否删除源对象？[是(Y)/否(N)] <N>：（按【Enter】键）//确认默认选项（不删除源对象）删除辅助线

单击"注释"工具栏中的"标注样式"按钮，弹出"标注样式管理器"对话框，修改标注样式 ISO-25，尺寸界线超出尺寸线 90、起点偏移量 60，箭头样式"建筑标记"，箭头大小 130，文字高度 180、从尺寸线上偏移 60；新建标注样式"半径标注"，在如图 19-3 所示的"创建新标注样式"对话框中，在 "用于"下拉列表框中选择"半径标注"选项，单击"继续"按钮，修改箭头样式为"实心闭合"，其他选项与标注样式 ISO-25 相同。

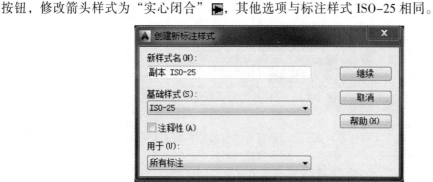

图 19-3　"创建新标注样式"对话框

新建标注样式"角度标注"，在"用于"下拉列表框中选择"角度标注"选项，修改箭头样式为"实心闭合"，其他选项与标注样式 ISO-25 相同；新建标注样式"副本 ISO-25"，修改箭头样式为"实心闭合"，其他各选项与标注样式 ISO-25 相同。设置当前标注样式为

ISO-25。设置当前图层为"尺寸线"图层，对绘制图形进行尺寸标注，步骤如下：

命令：_zoom（窗口缩放）

指定窗口角点，输入比例因子 (nX 或 nXP)，或

[全部 (A) /中心点 (C) /动态 (D) /范围 (E) /上一个 (P) /比例 (S) /窗口 (W)] <实时>：_w

指定第一个角点：指定对角点：　　　　　//对所绘制图形进行窗口放大

命令：_dimlinear（线性标注）

指定第一条尺寸界线原点或 <选择对象>：//拾取内侧圆弧端点

指定第二条尺寸界线原点：　　　　　　　//拾取内侧圆弧另一端点

指定尺寸线位置或 [多行文字 (M) /文字 (T) /角度 (A) /水平 (H) /垂直 (V) /旋转 (R)]：

标注文字 =2000　　　　　　　　　　　//沿垂直方向向下移动鼠标，至适当位置拾取一点

命令：_dimlinear（线性标注）

指定第一条尺寸界线原点或 <选择对象>：//拾取内侧圆弧一侧端点

指定第二条尺寸界线原点：　　　　　　　//拾取外侧圆弧同一侧端点

指定尺寸线位置或 [多行文字 (M) /文字 (T) /角度 (A) /水平 (H) /垂直 (V) /旋转 (R)]：

标注文字 =95.84　　　　　　　　　　//沿水平方向向外侧移动鼠标，在适当位置拾取一点

双击该标注任意位置，弹出"特性"对话框，选择"文字"选项卡，在"文字替代"文本框中输入 100，如图 19-4 所示，关闭该对话框。移动标注文字 100 至适当位置。

文字	▲
填充颜色	无
分数类型	水平
文字颜色	■ ByBlock
文字高度	2.5
文字偏移	0.625
文字界外...	开
水平放置...	置中
垂直放置...	上方
文字样式	Standard
文字界内...	开
文字位置	1466.5761
文字位置	1197.7092
文字旋转	0
测量单位	745.9265
文字替代	100
调整	▲
尺寸线强制	开

图 19-4　"特性"对话框

命令：_dimlinear（线性标注）

指定第一条尺寸界线原点或 <选择对象>：//拾取内侧圆弧另一侧端点

指定第二条尺寸界线原点：　　　　　　　//拾取外侧圆弧同一侧端点

指定尺寸线位置或 [多行文字 (M) /文字 (T) /角度 (A) /水平 (H) /垂直 (V) /旋转 (R)]：

标注文字 =388.35　　　　　　　　　//沿垂直方向向下移动鼠标，在适当位置拾取一点

双击该标注任意位置，弹出"特性"对话框，在"文字替代"文本框中输入 390。

命令：_dimlinear（线性标注）

指定第一条尺寸界线原点或 <选择对象>：//拾取中心线与内侧圆弧交点

指定第二条尺寸界线原点：　　　　　　　//拾取内侧圆弧下端点

指定尺寸线位置或 [多行文字 (M) /文字 (T) /角度 (A) /水平 (H) /垂直 (V) /旋转 (R)]：

标注文字 =783.22　　　　　　　　　　　　　　//沿水平方向移动鼠标，至适当位置拾取一点

双击该标注任意位置，弹出"特性"对话框，在"文字替代"文本框中输入 800。

命令：_dimradius（半径标注）

选择圆弧或圆：　　　　　　　　　　　　　　//选择内侧圆弧

标注文字 =1030

指定尺寸线位置或 [多行文字(M)/文字(T)/角度(A)]：　　//在适当位置拾取一点

单击"注释"工具栏中的"标注样式"按钮，弹出"标注样式管理器"对话框，选择左侧"副本 ISO-25"，单击"置为当前"按钮，关闭该对话框。

命令：_dimaligned（对齐标注）

指定第一条尺寸界线原点或 <选择对象>：　　//拾取内侧圆弧端点

指定第二条尺寸界线原点：　　　　　　　　//拾取外侧圆弧同一侧端点

指定尺寸线位置或[多行文字(M)/文字(T)/角度(A)]：

标注文字 =400　　　　　　　　　　　　　//拾取同一点（内侧圆弧或外侧圆弧端点均可）

命令：_rotate（旋转）

UCS 当前的正角方向：ANGDIR=逆时针　ANGBASE=0

选择对象：找到 1 个　　　　　　　　　　//选择标注文字为 400 的标注

选择对象：（按【Enter】键）　　　　　　//选择对象完毕

指定基点：　　　　　　　　　　　　　　　//拾取中心线下端点

指定旋转角度或 [参照(R)]：　　　　　　　//标注已解除关联

旋转该标注尺寸至半径标注的延长线上，拾取一点。

命令：_dimangular（角度标注）

选择圆弧、圆、直线或 <指定顶点>：　　　//选择中心线下端点与圆弧的连线

选择第二条直线：　　　　　　　　　　　　//选择中心线

指定标注弧线位置或 [多行文字(M)/文字(T)/角度(A)]：

标注文字 =76　　　　　　　　　　　　　//在适当位置拾取一点

双击该标注任意位置，弹出"特性"对话框，在"文字替代"文本框中输入 76°8′15″。

命令：_explode（分解）

选择对象：找到 1 个　　　　　　　　　　//选择标注文字为"76°8′15″"的标注

选择对象：（按【Enter】键）　　　　　　//分解对象完毕

删除多余线条（分解后的标注尺寸部分图形），移动文字"76°8′15″"至适当位置，旋转该文字至适当位置。调用多行文字命令输入文字"拱圈"，设置文字高度 200，在文字下方适当位置绘制两条平行线，该图形绘制完毕。

（2）绘制 4—4 剖面图

设置当前图层为"中心线"图层，调用直线命令绘制中心线，步骤如下：

命令：_line 指定第一点：　　　　　　　　//在适当位置拾取一点

指定下一点或 [放弃(U)]：7000（按【Enter】键）//沿垂直方向移动鼠标，输入中心线长度（该长度估算）

指定下一点或 [放弃(U)]：（按【Enter】键）//结束该命令

设置当前图层为"轮廓线"图层，绘制轮廓线，步骤如下：

命令：_line 指定第一点：　　　　　　　　//在中心线下方适当位置拾取一点

指定下一点或 [放弃(U)]：2300（按【Enter】键）//沿水平方向向右移动鼠标，输入直线长度

指定下一点或 [放弃(U)]：1500（按【Enter】键）//沿垂直方向向上移动鼠标，输入直线长度

指定下一点或 [闭合(C)/放弃(U)]：100（按【Enter】键）　//沿水平方向向左移动鼠标，输入直线长度

指定下一点或 [闭合(C)/放弃(U)]：1200（按【Enter】键）//沿水平方向向左移动鼠标，输入直线长度

指定下一点或 [闭合(C)/放弃(U)]:	//沿水平方向移动鼠标至中心线，出现交点提示，拾取该点
指定下一点或 [闭合(C)/放弃(U)]: （按【Enter】键）	//结束该命令，边墙基础（边墙底座）绘制完毕

选择边墙基础上方水平线长为 1 200 的直线，单击"图层"工具栏中的"图层"下拉按钮，选择"虚线"图层，使所选线成为"虚线"图层上的图形，选择"特性"工具栏中的"线宽"选项，选择线宽为 0.30 mm，该虚线为材质分界线，当前图层不变。

命令: _line 指定第一点: 3800（按【Enter】键）	//捕捉边墙基础与中心线上方交点，沿垂直方向向上移动鼠标。输入帽石上边线端点与捕捉点距离
指定下一点或 [放弃(U)]: 1400（按【Enter】键）	//沿水平方向向右移动鼠标，输入直线长度
指定下一点或 [放弃(U)]: @50, -50（按【Enter】键）	//输入倒角线端点的相对坐标
指定下一点或 [闭合(C)/放弃(U)]: 150（按【Enter】键）	//沿垂直方向向下移动鼠标，输入直线长度
指定下一点或 [闭合(C)/放弃(U)]:	//沿水平方向向左移动鼠标，至中心线出现交点提示，拾取该点
指定下一点或 [闭合(C)/放弃(U)]: （按【Enter】键）	//结束该命令
命令: _zoom（窗口缩放）	
指定窗口角点，输入比例因子 (nX 或 nXP)，或	
[全部(A)/中心点(C)/动态(D)/范围(E)/上一个(P)/比例(S)/窗口(W)] <实时>: _w	
指定第一个角点: 指定对角点:	//对帽石部分（带倒角部分图形）进行窗口放大
命令: _line 指定第一点:	//拾取所绘制的"相对坐标为@50, -50"倒角线端点
指定下一点或 [放弃(U)]:	//沿水平方向向左移动鼠标至中心线出现交点提示，拾取该点
指定下一点或 [放弃(U)]: （按【Enter】键）	//结束该命令
命令: _line 指定第一点: 50（按【Enter】键）	//捕捉帽石右下角点，沿水平方向向左移动鼠标，输入绘制点与捕捉点距离
指定下一点或 [放弃(U)]: 200（按【Enter】键）	//沿垂直方向向下移动鼠标，输入直线长度
指定下一点或 [放弃(U)]: 450（按【Enter】键）	//沿水平方向向左移动鼠标，输入直线长度
指定下一点或 [闭合(C)/放弃(U)]:150（按【Enter】键）	//沿垂直方向向上移动鼠标，输入直线长度
指定下一点或 [闭合(C)/放弃(U)]:	//沿 45°方向移动鼠标至帽石最下方水平线，出现交点提示，拾取该点
指定下一点或 [闭合(C)/放弃(U)]: （按【Enter】键）	//结束该命令
命令: _line 指定第一点:	//拾取材质分界线右端点
指定下一点或 [放弃(U)]:	//拾取最新绘制图形（边墙上方、帽石下方长方形）右下角点
指定下一点或 [放弃(U)]:	//结束该命令
命令: _line 指定第一点:	//拾取材质分界线左端点
指定下一点或 [放弃(U)]: 3400（按【Enter】键）	//沿垂直方向向上移动鼠标，输入直线长度
指定下一点或 [放弃(U)]: （按【Enter】键）	//结束该命令
命令: _copy(复制)	
选择对象: 找到 1 个	//选择拱圈图形中的内侧圆弧的右侧圆弧
选择对象: （按【Enter】键）	//选择对象完毕
当前设置: 复制模式 = 单个	
指定基点或 [位移(D)/模式(O)/多个(M)] <位移>:	//拾取所选圆弧的左侧端点

指定位移的第二点或 <用第一点作位移>：2650（按【Enter】键）

捕捉 4—4 剖面图中边墙基础的左上角点，沿垂直方向向上移动鼠标，输入绘制点与捕捉点距离。

设置当前图层为"其他"图层，调用直线命令在中心线上绘制图形对称符号。设置当前标注样式为 ISO-25，更改当前图层为"尺寸线"图层，调用"线性标注"命令 ⊢⊣ 及"连续标注"命令 ⊢⊣⊣ 对图形进行标注，尺寸标注完毕后，其中尺寸文本为 2 300、1 400、1 000 的尺寸，其尺寸文本应更改为 $\frac{4\,600}{2}$、$\frac{2\,800}{2}$、$\frac{2\,000}{2}$，更改步骤如下：

命令：_explode（分解）
选择对象：找到 1 个　　　　　　　　　　//选择标注尺寸为 2 300 的尺寸
选择对象：找到 1 个，总计 2 个　　　　//选择标注尺寸为 1 000 的尺寸
选择对象：找到 1 个，总计 3 个　　　　//选择标注尺寸为 1 400 的尺寸
选择对象：（按【Enter】键）　　　　　//分解对象完毕

此时尺寸 2 300、1 400、1 000 成为独立的文字。双击尺寸文本 2 300，弹出图 19-5 所示"多行文字编辑器"对话框，在该对话框中将文字 2 300 更改为 4 600/2，选中文字 4 600/2，单击该对话框中"堆叠非堆叠"按钮 ᵇ⁄ₐ，文字 4 600/2 堆叠成为文字 $\frac{4\,600}{2}$，单击"确定"按钮，尺寸文字修改完毕。同理更改尺寸 1 400、1 000 为 $\frac{2\,800}{2}$、$\frac{2\,000}{2}$。

设置当前图层为"剖面线"图层，单击"绘图"工具栏中的"图案填充"按钮，弹出"图案填充和渐变色"对话框，设置图案 ANSI31、角度 0、比例 30，拾取图中边墙及基础内部点，单击"确定"按钮，再次单击"图案填充"按钮，角度更改为 90°、比例 20，拾取图中边墙上方矩形内部点，单击"确定"按钮，填充完毕。

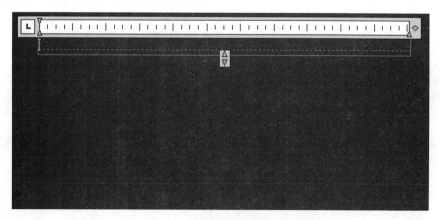

图 19-5　"多行文字编辑器"对话框

调用多行文字命令输入文字"4—4 剖面图"，设置文字高度 200，在文字下方适当位置绘制两条平行线，该图形绘制完毕。

（3）绘制 1—1 剖面图

关闭"剖面线"图层，1—1 剖面图与 4—4 剖面图相比拱圈部分由两条圆弧构成，其他图

形部分相同，尺寸有所不同，可以通过复制 4—4 剖面图获得 1—1 剖面图，对图形进行拉伸，使图形的尺寸符合要求，操作步骤如下：

命令：_copy（复制）
选择对象：指定对角点：找到 72 个   //选择 4—4 剖面图，由于剖面线图层关
                                            闭，在复制图形时不复制剖面线

选择对象：(按【Enter】键)   //选择图形完毕
当前设置： 复制模式 = 单个
指定基点或 [位移(D)/模式(O)/多个(M)] <位移>： //任意拾取一点为基点
指定位移的第二点或 <用第一点作位移>：   //在适当位置拾取一点
命令：_stretch（拉伸）
以交叉窗口或交叉多边形选择要拉伸的对象...
选择对象：指定对角点：找到 13 个

从右到左（不分上、下）框选图 19-6 所示图形，图中右下方虚线矩形为框选范围，该范围向上不能包含边墙上方矩形、向下不能包含边墙左侧垂直线。

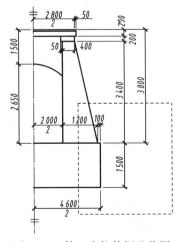

图 19-6　第一次拉伸框选范围

选择对象：(按【Enter】键)   //选择对象完毕
指定基点或 [位移(D)] <位移>：   //任意拾取一点
指定位移的第二个点或 <用第一个点作位移>：400（按【Enter】键） //沿水平方向向右移动鼠
                                            标，输入拉伸距离

拉伸后的图形尺寸标注部分 $\frac{4\,600}{2}$ 没有改变，其他尺寸标注随着图形的拉伸而变化，双击

尺寸标注 $\frac{4\,600}{2}$，弹出"多行文字编辑器"对话框，将文字更改为 $\frac{5\,400}{2}$，单击"确定"按钮，

文字更改完毕。

命令：_stretch（拉伸）
以交叉窗口或交叉多边形选择要拉伸的对象...
选择对象：指定对角点：找到 45 个

从右到左（不分上、下）框选图 19-7 所示图形，图中上方虚线矩形为框选范围，该范围向下不能包含拱圈。

选择对象：(按【Enter】键)   //选择图形完毕

指定基点或 [位移(D)] <位移>:　　　　　　　　//任意拾取一点
指定位移的第二个点或 <用第一个点作位移>: 900　//沿垂直方向向上移动鼠标，输入拉伸距离
命令: _copy（复制）
选择对象: 找到 1 个　　　　　　　　　　　　//选择图中圆弧
选择对象:（按【Enter】键）　　　　　　　　//选择对象完毕
指定基点或位移，或者 [重复(M)]:　　　　　　//任意拾取一点
指定位移的第二点或 <用第一点作位移>: 900（按【Enter】键）//沿垂直方向向上移动鼠标，输
　　　　　　　　　　　　　　　　　　　　　　　　入两圆弧距离

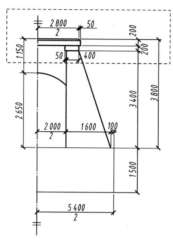

图 19-7　第二次拉伸框选范围

标注上侧圆弧与帽石间尺寸的文字由 1 150 被拉伸为 2 050，并且标注在下侧圆弧与帽石之间，选择该标注尺寸，单击标注尺寸右下方的关键点，关键点变成红色成为热关键点，拾取上侧圆弧端点，将标注尺寸标注在上侧圆弧与帽石之间，同时尺寸变成 1 150。在"尺寸线"图层上补充图中标注尺寸。

打开"剖面线"图层，并将其设置为当前图层，填充 1—1 剖面图。

调用多行文字命令输入文字"1—1 剖面图"，设置文字高度 200，在文字下方适当位置绘制两条平行线，该图形绘制完毕。

（4）绘制 3—3 剖面图、2—2 剖面图

该图形的绘制与 4—4 剖面图及 1—1 剖面图的绘制方法基本相同，绘制完图中的各轮廓线及尺寸标注后，绘制图中的防水层，绘制防水层需要借助辅助线，关闭"尺寸线"图层，在"其他"图层上绘制辅助线（见图 19-8 所示分隔防水层的细线），单击"绘图"工具栏中的"图案填充"按钮，弹出"图案填充和渐变色"对话框，设置图案 SOLID（全黑图案），拾取图 19-8 中由辅助线分隔开的防水层需填充部分的内部点（间隔拾取），确认后填充完毕，删除辅助线。

图中文字"拱座""边墙底座"的标注指引线，调用直线命令绘制即可。

（5）绘制入口正面图

设置"轮廓线"图层为当前图层。

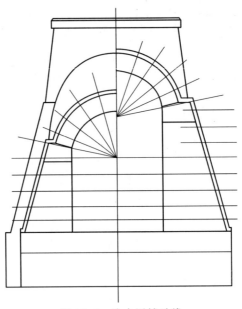

图 19-8　防水层辅助线

命令：_line 指定第一点：	//在适当位置拾取一点作为地面线的左端点
指定下一点或 [放弃(U)]：10000（按【Enter】键） 长度	//沿水平方向向右移动鼠标，输入地面线
指定下一点或 [放弃(U)]：（按【Enter】键）	//结束该命令

设置"虚线"图层为当前图层。

命令：_line 指定第一点：400	//捕捉地面线左端点，水平向右移动鼠标， 　输入绘制点与捕捉点距离
指定下一点或 [放弃(U)]：1500（按【Enter】键）	//沿垂直方向向下移动鼠标，输入基础高度
指定下一点或 [放弃(U)]：9200（按【Enter】键）	//沿水平方向向右移动鼠标，输入直线长度
指定下一点或 [闭合(C)/放弃(U)]：	//沿垂直方向向上移动鼠标至地面线，出现 　交点提示，拾取该点
指定下一点或 [闭合(C)/放弃(U)]：（按【Enter】键）	//结束该命令
命令：_line 指定第一点：800（按【Enter】键）	//捕捉图形左下角点，沿垂直方向向上移 　动鼠标，输入绘制点与捕捉点距离
指定下一点或 [放弃(U)]：	//沿水平方向向右移动鼠标，至基础右端 　线，出现交点提示，拾取该点
指定下一点或 [放弃(U)]：（按【Enter】键）	//结束该命令

设置当前图层为"中心线"图层。

命令：_line 指定第一点：	//拾取地面线中点
指定下一点或 [放弃(U)]：5000（按【Enter】键）	//沿垂直方向向上移动鼠标，输入中心线长度 　（数据不得小于 4 700）
指定下一点或 [放弃(U)]：（按【Enter】键）	//结束该命令

设置当前图层为"轮廓线"图层。

命令：_line 指定第一点：1250（按【Enter】键）	//捕捉中心线与地面线交点，沿水平方向向 　左移动鼠标，输入直线下端点与捕捉点距离
指定下一点或 [放弃(U)]：3250（按【Enter】键）	//沿垂直方向向上移动鼠标，输入直线长度
指定下一点或 [放弃(U)]：（按【Enter】键）	//结束该命令
命令：_rectang（矩形）	

指定第一个角点或 [倒角(C)/标高(E)/圆角(F)/厚度(T)/宽度(W)]: 50 (按【Enter】键)
　　　//捕捉垂直线上端点，沿水平方向向右移动鼠标，输入矩形（横墙）右下角点与捕捉点距离
指定另一个角点或 [尺寸(D)]: @-3350,200 (按【Enter】键) //输入矩形另一角点的相对坐标
命令: _chamfer (倒角)
("修剪"模式) 当前倒角距离 1=50.0000，距离 2=50.0000
选择第一条直线或[放弃(U)/多段线(P)/距离(D)/角度(A)/修剪(T)/方式(E)/多个(M)]:M
　　//选择多个选项，选择矩形（横墙）左边（默认倒角距离与要求相符，不必再设，否则需要设置
　　倒角距离）
选择第二条直线，或按住 Shift 键选择要应用角点的直线: //选择矩形（横墙）上边
选择第一条直线或[放弃(U)/多段线(P)/距离(D)/角度(A)/修剪(T)/方式(E)/多个(M)]:
　　　　　　　　　　　　　　　　　　　　　//选择矩形（横墙）右边
选择第二条直线，或按住 Shift 键选择要应用角点的直线: //选择矩形（横墙）上边
选择第一条直线或[放弃(U)/多段线(P)/距离(D)/角度(A)/修剪(T)/方式(E)/多个(M)]:(按【Enter】
键) //结束该命令
命令: _line 指定第一点: //拾取倒角点
指定下一点或 [放弃(U)]: //拾取另一倒角点
指定下一点或 [放弃(U)]:(按【Enter】键) //结束该命令
命令: _line 指定第一点: //拾取垂直线下端点
指定下一点或 [放弃(U)]: 50 (按【Enter】键) //捕捉矩形左下角点，沿水平方向向右移
　　　　　　　　　　　　　　　　　动鼠标，输入斜线端点与捕捉点距离
指定下一点或 [放弃(U)]:(按【Enter】键) //结束该命令
命令: _line 指定第一点: 1000 (按【Enter】键) //捕捉中心线与地面线交点，沿水平方向
　　　　　　　　　　　　　　　　　向左移动鼠标，输入直线端点与捕捉点距离
指定下一点或 [放弃(U)]: 4500 (按【Enter】键) //沿垂直方向向上移动鼠标，输入垂直线长度
指定下一点或 [放弃(U)]:(按【Enter】键) //结束该命令
命令: _rectang (矩形)
指定第一个角点或 [倒角(C)/标高(E)/圆角(F)/厚度(T)/宽度(W)]: 1450 (按【Enter】键)
//捕捉长度为 4 500 垂直线的上端点，沿水平方向向左移动鼠标，输入矩形（帽石）左下角点与捕
捉点距离
指定另一个角点或 [尺寸(D)]: @2900,200 (按【Enter】键) //输入矩形另一角点的相对坐标
命令: _chamfer (倒角)
("修剪"模式) 当前倒角距离 1=50.0000，距离 2=50.0000
选择第一条直线或[放弃(U)/多段线(P)/距离(D)/角度(A)/修剪(T)/方式(E)/多个(M)]:M
//选择多个选项，选择矩形（帽石）左边（默认倒角距离与要求相符，不必再设，否则需要设置倒角距离）
选择第二条直线，或按住 Shift 键选择要应用角点的直线: //选择矩形（帽石）上边
选择第一条直线或[放弃(U)/多段线(P)/距离(D)/角度(A)/修剪(T)/方式(E)/多个(M)]:
　　　　　　　　　　　　　　　　　　　//选择矩形（帽石）右边
选择第二条直线，或按住 Shift 键选择要应用角点的直线: //选择矩形（帽石）上边
选择第一条直线或[放弃(U)/多段线(P)/距离(D)/角度(A)/修剪(T)/方式(E)/多个(M)]:(按
【Enter】键) //结束该命令
命令: _line 指定第一点: 50 (按【Enter】键) //捕捉矩形（帽石）左下角点，沿水平方向向
　　　　　　　　　　　　　　　　　右移动鼠标，输入翼墙左上角点与捕捉点距离
指定下一点或 [放弃(U)]:400 (按【Enter】键) //捕捉矩形（横墙）右上角点，沿水平方向向
　　　　　　　　　　　　　　　　　左移动鼠标，输入翼墙左下角点与捕捉点距离
指定下一点或 [放弃(U)]:(按【Enter】键) //结束该命令
命令: _copy(复制)
选择对象: 找到 1 个 //选择已绘制的翼墙线
选择对象: (按【Enter】键) //选择对象完毕
前设置: 复制模式 = 多个

指定基点或 [位移(D)/模式(O)] <位移>：　　　　　//当前模式为"多个"与要求相符，不必再设。
　　　　　　　　　　　　　　　　　　　　　　　　　拾取翼墙左下角点
指定第二个点或 <使用第一个点作为位移>：　　　　//拾取矩形（横墙）右侧角点
指定第二个点或 [退出(E)/放弃(U)] <退出>　　　　//拾取矩形（横墙）右侧另一角点
指定第二个点或 [退出(E)/放弃(U)] <退出>　　　　//拾取矩形（横墙）右侧最后一个角点
指定第二个点或 [退出(E)/放弃(U)] <退出>（按【Enter】键）
　　　　　　　　　　　　　//结束该命令（复制所得的三条斜线与已绘制的翼墙线平行）
命令：_zoom（窗口缩放）
指定窗口角点，输入比例因子（nX 或 nXP），或
[全部(A)/中心点(C)/动态(D)/范围(E)/上一个(P)/比例(S)/窗口(W)] <实时>：_w
指定第一个角点：指定对角点：　　　　　　　　　//对翼墙图形部分放大
命令：_trim
当前设置:投影=UCS，边=无
选择剪切边...
选择对象或 <全部选择>：找到 1 个　　　　　　　//选择翼墙最右侧斜线作为剪切边
选择对象：（按【Enter】键）　　　　　　　　　//选择剪切边完毕
选择要修剪的对象，或按住 Shift 键选择要延伸的对象，或
[栏选(F)/窗交(C)/投影(P)/边(E)/删除(R)/放弃(U)]：　//选择与剪切边相交的垂直线
　　　　　　　　　　　　　　　　　　　　　　　位于剪切边上方图形部分
选择要修剪的对象，或按住 Shift 键选择要延伸的对象，或
[栏选(F)/窗交(C)/投影(P)/边(E)/删除(R)/放弃(U)]：（按【Enter】键）　　　//修剪完毕
命令：_line 指定第一点：　　　　　　　　　//拾取翼墙左侧第二条斜线上端点
指定下一点或 [放弃(U)]：　　　　　　　　　　//拾取翼墙左侧第三条斜线上端点
指定下一点或 [放弃(U)]：　　　　　　　　　　//拾取翼墙最右侧斜线上端点
指定下一点或 [闭合(C)/放弃(U)]：（按【Enter】键）　　//结束该命令

复制前面图形中绘制的拱圈至该图中适当位置，在"其他"图层上调用直线命令绘制锥体护坡示坡线，在"虚线"图层上绘制横墙与地面线之间连线（左侧垂直线），调用镜像命令镜像出右侧图形；在"尺寸线"图层上标注图形尺寸；在"其他"图层上调用椭圆命令绘制一个毛石护坡图例（由三个椭圆组成），椭圆的大小用鼠标适当拾取即可，再通过复制命令复制其他图例；图形上方平行示坡线调用直线命令绘制，再通过复制或阵列实现其他示坡线的绘制；地面线下方图例通过椭圆命令、直线命令、图案填充、阵列绘制。

实训二十 | 综合练习二

一、实训目的和要求

- 综合应用各种绘图命令绘制图形；
- 熟练掌握二维图形的绘制。

二、实训内容

绘制图 20-1 所示的盖板涵一般构造图。

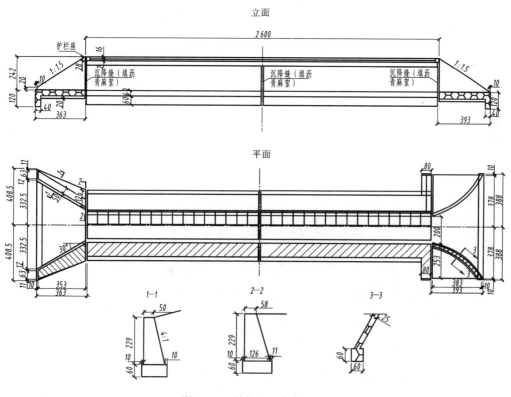

图 20-1　盖板涵一般构造图

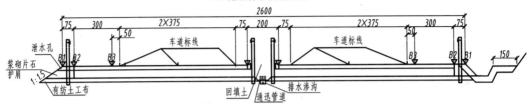

26m路基标准横断面图

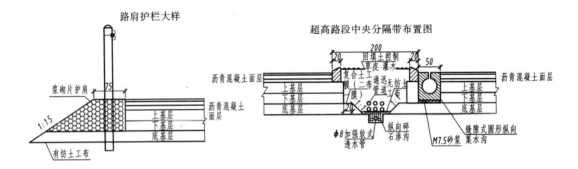

路肩护栏大样

超高路段中央分隔带布置图

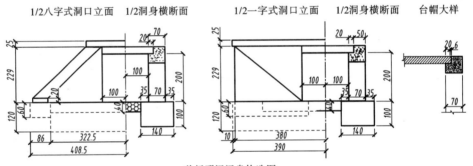

盖板暗涵洞口构造图

1/2八字式洞口立面　1/2洞身横断面　　1/2一字式洞口立面　1/2洞身横断面　台帽大样

盖板明涵涵身构造图

立面

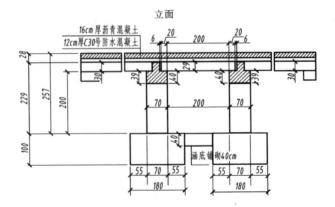

图 20-1　盖板涵一般构造图（续 1）

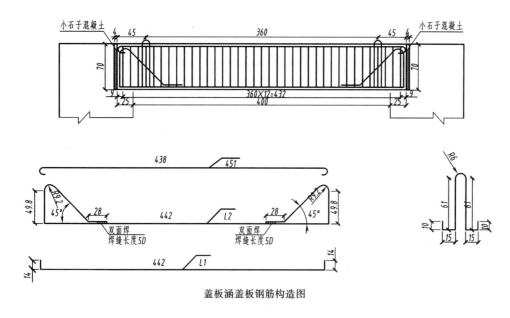

盖板涵盖板钢筋构造图

图 20-1　盖板涵一般构造图（续 2）

三、相关命令

本实训中主要用到的 AutoCAD 2014 命令：构造线（Xline）简易命令[Xl]、直线（Line）简易命令[L]、矩形（Rectang）简易命令[Rec]、倒角（Chamfer）简易命令[Cha]、圆弧（Arc）简易命令[A]、复制（Copy）简易命令[Co]、偏移（Offset）简易命令[O]、镜像（Mirror）简易命令[Mi]、拉伸（Stretch）简易命令[S]、打断（Break）简易命令[Br]、多行文字（Mtext）简易命令[Mt]、分解（Explode）简易命令[Ex]、旋转（Rotate）简易命令[Ro]、半径标注（Dimradius）、角度标注（Dimangular）、线性标注（Dimlinear）、对齐标注（Dimaligned）、连续标注（Dimcontinue）。主要用到的按钮："缩放范围"按钮 ⌘、"标注样式"按钮 ⌐（Dimstyle）简易命令[D]、"图层特性"按钮 🗐（Layer）、"图案填充"按钮 🗒（Bhatch）简易命令[Bh]，"阵列"按钮 🔡（Array）简易命令[Ar]、"移动"按钮 ✥（Move）简易命令[M]，状态栏中的"极轴追踪【F10】按钮、"对象捕捉追踪"【F11】按钮、"对象捕捉"【F3】按钮。主要用到"标注样式管理器"对话框、"多行文字编辑器"对话框和"图层特性管理器"对话框。

四、上机过程

1. 启动 AutoCAD 2014 并新建图形文件

具体操作参见实训一。

2. 绘制图形

单击"图层"工具栏中的"图层特性"按钮 🗐，弹出"图层特性管理器"对话框，设置图层如图 20-2 所示。

（1）路肩护栏大样

设置当前图层为"轮廓线"图层，调用直线命令绘制轮廓线，同时按下"极轴追踪"和"对

象捕捉追踪"按钮,步骤如下:

命令:_line(直线)
指定第一点:
指定下一点或 [放弃(U)]: 75(按【Enter】键)　　　//沿水平方向向右移动鼠标,输入直线长度
指定下一点或 [放弃(U)]: 75(按【Enter】键)　　　//沿垂直方向向下移动鼠标,输入直线长度
指定下一点或 [闭合(C)/放弃(U)]: 187.5(按【Enter】键)　//沿水平方向向左移动鼠标,输
　　　　　　　　　　　　　　　　　　　　　　　　　　　　　入直线长度
指定下一点或 [闭合(C)/放弃(U)]:C(按【Enter】键)　　　//结束该命令

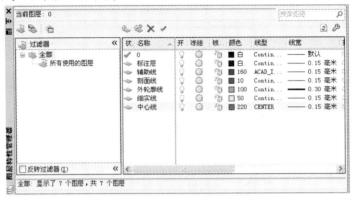

图 20-2　图层设置结果

命令:_line 指定第一点:　　　　　　　　　　　　　　　//拾取第一条直线的右端点
指定下一点或 [放弃(U)]:　　　　　　　　　　　　　　//向右拾取任意长度直线
指定下一点或 [放弃(U)](按【Enter】键)　　　　　　　//结束命令
命令:_copy
选择对象:找到 1 个　　　　　　　　　　　　　　　　//拾取自定义长度的该条直线
选择对象:(按【Enter】键)
当前设置:复制模式 = 多个　　　　　　　　　　　　//拾取直线的左端点为复制基点
指定基点或 [位移(D)/模式(O)] <位移>:指定第二个点或 <使用第一个点作为位移>: 5(按
【Enter】键)
　　　　　　　　　　　　　　　　　　　　　　　　　　//沿垂直方向向下移动鼠标,输入位移
指定位移的第二点或 <用第一点作位移>:15(按【Enter】键)　//沿垂直方向向下移动鼠标,输入位移
指定位移的第二点或 <用第一点作位移>: 25(按【Enter】键)　//沿垂直方向向下移动鼠标,输入位移
指定位移的第二点或 <用第一点作位移>: 50(按【Enter】键)　//沿垂直方向向下移动鼠标,输入位移
指定位移的第二点或 <用第一点作位移>: 75(按【Enter】键)　//沿垂直方向向下移动鼠标,输入位移
指定位移的第二点或 <用第一点作位移>:100(按【Enter】键)//沿垂直方向向下移动鼠标,输入位移
指定位移的第二点或 <用第一点作位移>:(按【Enter】键)　//结束该命令
命令:_line 指定第一点:　　　　　　　　　　　　　　　//拾取最下面的直线左端点
指定下一点或 [放弃(U)]: 250　　　　　　　　　　　//沿水平方向向左移动鼠标,输入长度值
　　　　　　　　　　　　　　　　　　　　　　　　　　250(任意便于下面做延伸的长度)
指定下一点或 [放弃(U)](按【Enter】键)　　　//结束命令

选择最下面的那条直线,单击"延伸"按钮──/。
命令:_extend
当前设置:投影=UCS,边=无
选择边界的边...
选择对象或 <全部选择>: 找到 1 个　　　　　　//选择左面的那条斜线
选择对象:(按【Enter】键)
选择要延伸的对象,或按住 Shift 键选择要修剪的对象,或 [投影(P)/边(E)/放弃(U)]:

　　　　　　　　　　　　　　　　　　　//选择最下面的直线

调用"修剪"命令，剪掉多余部分。

调用直线命令，绘制断开线。

命令：_line（直线）指定第一点：　　　　　　　//任意拾取一点

指定下一点或 [放弃(U)]：

指定下一点或 [放弃(U)]：

指定下一点或 [闭合(C)/放弃(U)]：

指定下一点或 [闭合(C)/放弃(U)]：

指定下一点或 [闭合(C)/放弃(U)]：

//将"对象捕捉"按钮选中，将对象捕捉模式中的"中点"复选框选中。找到绘制的第一条直线，调用直线命令。找到该直线的中点，并向右追踪，距离为10，向上画线（护栏高度自定义）

命令：_line（直线）指定第一点：10　　　　//沿水平方向向右移动鼠标

指定下一点或 [放弃(U)]：　　　　　　　　　//沿垂直方向移动鼠标，在屏幕上拾取适合的点

指定下一点或 [放弃(U)]：（按【Enter】键）　//结束该命令

命令：_offset

当前设置：删除源=否　图层=源　OFFSETGAPTYPE=0

指定偏移距离或 [通过(T)/删除(E)/图层(L)] <通过>：　20

选择要偏移的对象，或 [退出(E)/放弃(U)] <退出>：　//选择护栏的第一条线

指定要偏移的那一侧上的点，或 [退出(E)/多个(M)/放弃(U)] <退出>：

　　　　　　　　　　　　　　　　　　　//选择第一条直线的左侧

选择要偏移的对象，或 [退出(E)/放弃(U)] <退出>：（按【Enter】键）　　　　//结束该命令

切换图层至"剖面线"层，选择图案样式为 HONEY，角度为 0，比例为 2，添加图形的剖面线，如图 20-3 所示。

图 20-3　"图案填充创建"选项卡的设置结果

命令：_bhatch（图案填充）

拾取内部点或 [选择对象(S)/删除边界(B)]：　正在选择所有对象...

正在选择所有可见对象...

正在分析所选数据...

正在分析内部孤岛...

拾取内部点或 [选择对象(S)/删除边界(B)]：　　　//拾取需要填充的区域，单击"确定"按钮

单击"注释"工具栏中的"标注样式"按钮 ，弹出"标注样式管理器"对话框，修改标注样式 ISO-25，尺寸界线超出尺寸线 2.5、起点偏移量 5，箭头样式"倾斜" ，箭头大小 5，文字高度 10、从尺寸线上偏移 2.5。将图层切换到"尺寸线"层，关闭"剖面线"图层，对绘制图形进行尺寸标注，操作步骤如下：

命令：_dimlinear（线性标注）

指定第一条尺寸界线原点或 <选择对象>：　　　//拾取路肩左端点

指定第二条尺寸界线原点：　　　　　　　　　//拾取路肩右端点

指定尺寸线位置或

[多行文字(M)/文字(T)/角度(A)/水平(H)/垂直(V)/旋转(R)]：

标注文字 =75

命令：_dimlinear（线性标注）
指定第一条尺寸界线原点或 <选择对象>：　　　　　　//拾取断开线上端点
指定第二条尺寸界线原点：　　　　　　　　　　　　//拾取断开线上端点
指定尺寸线位置或
[多行文字(M)/文字(T)/角度(A)/水平(H)/垂直(V)旋转(R)]：
标注文字 =5　　　　　　　　　　　　　　　//选中该标注，拾取文字的编辑点，将标注文
　　　　　　　　　　　　　　　　　　　　　　字放在尺寸界线的右侧。然后进行连续标注

命令：_dimcontinue（连续标注）
指定第二条尺寸界线原点或 [放弃(U)/选择(S)] <选择>：
标注文字 =10
指定第二条尺寸界线原点或 [放弃(U)/选择(S)] <选择>：
标注文字 =10
指定第二条尺寸界线原点或 [放弃(U)/选择(S)] <选择>：
标注文字 =25
指定第二条尺寸界线原点或 [放弃(U)/选择(S)] <选择>：
标注文字 =25
指定第二条尺寸界线原点或 [放弃(U)/选择(S)] <选择>：
标注文字 =25
指定第二条尺寸界线原点或 [放弃(U)/选择(S)] <选择>：*取消*
调整各标注的相对位置，使每一个尺寸都能很清晰。

将图层切换到"其他"层，进行文字标注。调用多行文字命令，设置文字高度为 8，在相应位置输入文字"浆砌片石护肩""泄水孔""有纺土工布""上基层""下基层""底基层""沥青混凝土面层"。调用多行文字命令，设置文字高度为 20，输入文字"路肩护栏大样"。

（2）超高路段中央分隔带布置图

将图层切换到"中心线"层，调用构造线命令绘制两条互相垂直的构造线，作为绘图过程中的辅助线。

命令：_xline（构造线）
指定点或 [水平(H)/垂直(V)/角度(A)/二等分(B)/偏移(O)]：
指定通过点：
指定通过点：
指定通过点：

利用图层管理器将"轮廓线"层置为当前图层。调用直线命令，以两条构造线的交点为追踪点，向左追踪 100。自定义直线长度，以当前直线为基准，复制直线。

命令：_copy（复制）
选择对象：找到 1 个　　　　　　　//选择自定义长度的那条直线
选择对象：（按【Enter】键）
当前设置：复制模式 = 多个
指定基点：指定位移的第二点或
指定基点或 [位移(D)/模式(O)] <位移>：指定第二个点或 <使用第一个点作为位移>：5（按
【Enter】键）
　　　　　　　　　　　　　　　　　//沿垂直方向向下移动鼠标，输入位移距离
指定位移的第二点或 <用第一点作位移>：15（按【Enter】键）
　　　　　　　　　　　　　　　　　//沿垂直方向向下移动鼠标，输入位移距离
指定位移的第二点或 <用第一点作位移>：25（按【Enter】键）
　　　　　　　　　　　　　　　　　//沿垂直方向向下移动鼠标，输入位移距离
指定位移的第二点或 <用第一点作位移>：50（按【Enter】键）

　　　　　　　　　　　　　　　//沿垂直方向向下移动鼠标，输入位移距离

指定位移的第二点或 <用第一点作位移>：75（按【Enter】键）

　　　　　　　　　　　　　　　//沿垂直方向向下移动鼠标，输入位移距离

指定位移的第二点或 <用第一点作位移>：（按【Enter】键）　　//结束此命令

调用直线命令，第一条直线的右端点作为直线的上端点，绘制长度为 25 的直线。

命令：_line（直线）指定第一点：

指定下一点或 [放弃(U)]：25　　　　　　//选择此直线，利用直线上的编辑点，向上拉伸此直线，
　　　　　　　　　　　　　　　　　　长度自定义。向右偏移此直线，偏移距离为 20

命令：_offset（偏移）

当前设置：删除源=否　图层=源　OFFSETGAPTYPE=0

指定偏移距离或 [通过(T)/删除(E)/图层(L)] <通过>：20

选择要偏移的对象，或 [退出(E)/放弃(U)] <退出>：

指定要偏移的那一侧上的点，或 [退出(E)/多个(M)/放弃(U)] <退出>：

　　向上拉伸偏移的直线，连接拉伸的两条直线的上端点，调用圆角命令，将斜线和直线光滑连接。连接两条拉伸直线的下端点，并拉伸此直线，拉伸距离为 7（可自定义）。向下垂直画线，长度为 50。向右水平画长度为 20 的直线。延伸各直线到目标位置。绘制坡度为 1:1 的直线，设置极轴的增量角为 45°。以绘制的垂直构造线为镜像线，进行镜像操作。利用修剪命令，修剪各多余线条。

　　绘制宽度为 50 的缝隙式圆形纵向集水沟。

　　最后绘制通讯管道，先绘制一个半径为 5 的小圆，后使用阵列命令，设置阵列。

命令：_circle（圆）

指定圆的圆心或 [三点(3P)/两点(2P)/相切、相切、半径(T)]：

指定圆的半径或 [直径(D)]：5

命令：_array（阵列）

选择对象：找到 1 个　　　　　　　　　　//选择绘制的半径为 5 的小圆

选择对象：（按【Enter】键）

　　设置当前图层为"剖面线"层，对集水沟、护栏进行图案填充。图案为 ANSI31，比例为 1.5，角度为 0。纵向碎石渗沟填充图案为 TRIANG，比例为 0.5，角度为 0。

　　设置当前图层为"尺寸线"层，对图形进行尺寸标注，标注样式同路肩护栏一样。设置当前图层为"其他"层，对图形进行文字标注，要求同前图。

　　（3）盖板明涵一般构造图

　　① 绘制 1—1 剖面图，步骤如下：

命令：_line 指定第一点：　　　　　　　　//任意拾取一点

指定下一点或 [放弃(U)]：229　　　　　　//沿垂直方向向下移动鼠标，输入直线长度

指定下一点或 [放弃(U)]：（按【Enter】键）　//结束该命令

　　打开"对象捕捉"工具栏，使用"捕捉自"按钮 。通过坡度 4:1，计算出下面矩形的长为 229/4+50+20=127.25。

命令：_rectang（矩形）

指定第一个角点或 [倒角(C)/标高(E)/圆角(F)/厚度(T)/宽度(W)]：

_from（捕捉自）基点：　　　　　　　　//拾取基点为第一条直线的下端点

<偏移>：@-10, 0　　　　　　　　　　//输入要绘制的矩形的左上端点与基点的偏移量

指定另一个角点或 [尺寸(D)]：@127.25, -60　//输入矩形的两个角点的偏移量

命令：_line 指定第一点：　　　　　　　//拾取第一条直线的上端点

指定下一点或 [放弃(U)]：50　　　　　　//沿水平方向向右移动鼠标，输入直线长度

```
指定下一点或 [放弃(U)]:(按【Enter】键)          //结束该命令
命令: _line 指定第一点:                        //拾取上一条直线的右端点
指定下一点或 [放弃(U)]: _tt(临时追踪点)        //使用对象捕捉工具栏的"临时追踪点"按钮
指定临时对象追踪点:                            //捕捉矩形右上角的端点为临时追踪点
指定下一点或 [放弃(U)]: 10                     //沿水平方向向左移动鼠标,追踪距离为10
指定下一点或 [放弃(U)]:(按【Enter】键)         //结束该命令
```

② 绘制 2—2 剖面图,具体步骤与绘制 1—1 剖面图的过程相同。

③ 绘制 3—3 剖面图,具体步骤如下:

```
命令: _rectang(矩形)
指定第一个角点或 [倒角(C)/标高(E)/圆角(F)/厚度(T)/宽度(W)]:
                                              //在屏幕上任意拾取一点
指定另一个角点或 [尺寸(D)]: @60,60
```

打开草图设置对话框,设置极轴的"增量角"为 30°。

绘制与水平成 60°角的两条直线,且两条直线的垂直距离为 25。

这三个剖面图绘制结束后,单击"注释"工具栏中的"标注样式"按钮 ，弹出"标注样式管理器"对话框,修改标注样式 ISO-25,尺寸界线超出尺寸线 2.5、起点偏移量 5、箭头样式"倾斜" ，箭头大小 5,文字高度 15、从尺寸线上偏移 2.5。将图层切换到"尺寸线"层,按照当前设置对图形进行尺寸标注。

标注结束后,将图层切换到"其他"层,进行文字标注,设置文字字高为 20。单击"多行文字"按钮 **A**,在屏幕上拾取输出文字范围,弹出"文字格式"对话框,输入文字 4:1,单击"确定"按钮即可。然后拾取文字,调用"旋转"命令,使文字旋转一定的角度。

```
命令: _rotate
UCS 当前的正角方向: ANGDIR=逆时针  ANGBASE=0
选择对象: 找到 1 个                            //选择文字 4:1
指定基点:                                      //任意拾取一点作为旋转基点
指定旋转角度或 [参照(R)]: -75                   //使文字顺时针旋转 75°
```

④ 绘制盖板明涵的立面图,操作步骤如下:

设置当前图层为"中心线"层,利用构造线命令绘制图形的中心线。

```
命令: _xline(构造线)
指定点或 [水平(H)/垂直(V)/角度(A)/二等分(B)/偏移(O)]:
指定通过点:
指定通过点:
指定通过点:
```

在绘图窗口水平方向上任意拾取点。

利用图层特性管理器将图层切换到"轮廓线"层,绘制图形的外轮廓线。

```
命令: _line 指定第一点:                        //拾取构造线交点,向左水平绘制直线
指定下一点或 [放弃(U)]: 1300
指定下一点或 [放弃(U)]:(按【Enter】键)
命令: _line 指定第一点:                        //拾取第一条直线的左端点
指定下一点或 [放弃(U)]: 242(按【Enter】键)    //沿垂直方向向下移动鼠标,输入直线长度
指定下一点或 [放弃(U)]: 363(按【Enter】键)    //沿水平方向向左移动鼠标,输入直线长度
指定下一点或 [闭合(C)/放弃(U)]: 120(按【Enter】键)    //沿垂直方向向下移动鼠标,输
                                                      入直线长度
```

指定下一点或 [闭合(C)/放弃(U)]：40（按【Enter】键）　　　　//沿水平方向向右移动鼠标，输
　　　　　　　　　　　　　　　　　　　　　　　　　　　　　　　入直线长度

指定下一点或 [闭合(C)/放弃(U)]：80（按【Enter】键）　　　　//沿垂直方向向上移动鼠标，输
　　　　　　　　　　　　　　　　　　　　　　　　　　　　　　　入直线长度

指定下一点或 [闭合(C)/放弃(U)]：323　　　　　　　　//沿水平方向向右移动鼠标，输入直线长度

指定下一点或 [闭合(C)/放弃(U)]：342　　　　　　　　//沿垂直方向向上移动鼠标，输入直线长度

指定下一点或 [放弃(U)]：（按【Enter】键）　　　　//结束该命令

命令：_rectang（矩形）

指定第一个角点或 [倒角(C)/标高(E)/圆角(F)/厚度(T)/宽度(W)]：
　　　　　　　　　　　　　　　　　　　　　　　　//拾取第一条直线的左端点

指定另一个角点或 [尺寸(D)]：@28，-28

命令：_copy

选择对象：找到 1 个　　　　　　　　　　　　　　　//选择长度为 1 300 的直线

选择对象：

当前设置：　复制模式 = 多个

指定基点或 [位移(D)/模式(O)] <位移>：指定第二个点或 <使用第一个点作为位移>：16（按
【Enter】键）　　　　　　　　　//选择直线的左端点，并沿垂直方向向下移动鼠标，输入位移距离

指定位移的第二点或 <用第一点作位移>：28（按【Enter】键）
　　　　　　　　　　　　　　　　　　　　　　//沿垂直方向向下移动鼠标，输入位移距离

指定位移的第二点或 <用第一点作位移>：58（按【Enter】键）
　　　　　　　　　　　　　　　　　　　　　　//沿垂直方向向下移动鼠标，输入位移距离

指定位移的第二点或 <用第一点作位移>：242（按【Enter】键）
　　　　　　　　　　　　　　　　　　　　　　//沿垂直方向向下移动鼠标，输入位移距离

指定位移的第二点或 <用第一点作位移>：262（按【Enter】键）
　　　　　　　　　　　　　　　　　　　　　　//沿垂直方向向下移动鼠标，输入位移距离

指定位移的第二点或 <用第一点作位移>：342（按【Enter】键）
　　　　　　　　　　　　　　　　　　　　　　//沿垂直方向向下移动鼠标，输入位移距离

命令：_line（直线）

指定第一点：10　　　　　　　//捕捉矩形的左下端点，鼠标沿水平方向向右移动，输入追踪距离

指定下一点或 [放弃(U)]：314　　　　　　//沿垂直方向向下移动鼠标，输入追踪距离

指定下一点或 [放弃(U)]：（按【Enter】键）

命令：_trim（修剪）

当前设置:投影=UCS，边=延伸

选择剪切边...

选择对象：找到 1 个　　　　　　　　　　　　//选择长度为 314 的直线为剪切边

选择对象：（按【Enter】键）

选择要修剪的对象，或按住Shift键选择要延伸的对象，或 [投影(P)/边(E)/放弃(U)]：
　　　　　　　　　　　　　　　　　　　　　　//选择多余的线条

选择要修剪的对象，或按住Shift键选择要延伸的对象，或 [投影(P)/边(E)/放弃(U)]：
　　　　　　　　　　　　　　　　　　　　　　//选择多余的线条

选择要修剪的对象，或按住Shift键选择要延伸的对象，或 [投影(P)/边(E)/放弃(U)]：
　　　　　　　　　　　　　　　　　　　　　　//修剪命令结束

命令：_mirror（镜像）

选择对象：指定对角点：找到 26 个　　　　　　//选择所有要进行镜像操作的对象

选择对象：　指定镜像线的第一点：　　　　　//选择长度为 1 300 的直线的右端点

指定镜像线的第二点：　　　　　　　　　　　//选择垂直方向的构造线

是否删除源对象？[是(Y)/否(N)] <N>：（按【Enter】键）　//结束该命令

将图层切换到"轮廓线"层，对图形进行图案填充。填充图案样式为 HONEY，比例为 10。

```
命令：_bhatch                          //图案填充
选择内部点：正在选择所有对象……
正在选择所有可见对象……
正在分析所选数据……
选择内部点：
正在分析内部孤岛……
选择内部点：                          //结束命令
```

单击"注释"工具栏中的"标注样式"按钮 ，弹出"标注样式管理器"对话框，修改标注样式 ISO-25，尺寸界线超出尺寸线 10、起点偏移量 5，箭头样式"倾斜" 、箭头大小 15，文字高度 30、从尺寸线上偏移 5。将图层切换到"尺寸线"层，按照当前设置对图形进行尺寸标注。

标注结束后，将图层切换到"其他"层，进行文字标注，设置文字字高为 30。单击"多行文字"按钮 A，在屏幕上拾取输出文字范围，弹出"文字格式"对话框，输入文字，单击"确定"按钮即可。

⑤ 绘制盖板明涵的平面图。利用图层特性管理器将图层切换到"轮廓线"层，绘制图形的外轮廓线。

```
命令：_line 指定第一点：                 //利用对象追踪线，向下拾取任意点
指定下一点或 [放弃(U)]：817            //沿垂直方向移动鼠标，输入直线长度
指定下一点或 [放弃(U)]：（按【Enter】键）
命令：_line 指定第一点：86            //捕捉直线的上端点，沿垂直方向向下移动鼠
                                      标，找到直线的第一端点
指定下一点或 [放弃(U)]：
```

打开"草图设置"对话框，选择"极轴追踪"选项卡，如图 20-4 所示，设置增量角为 30°，并移动鼠标，找到和立面图对应位置的交点，如图 20-5 所示。

图 20-4　极轴增量角的设置　　　　　　　图 20-5　捕捉的应用

```
指定下一点或 [放弃(U)]：                 //拾取对应的交点
指定下一点或 [放弃(U)]：126            //鼠标沿垂直方向向上，输入直线长度
```

指定下一点或 [闭合(C)/放弃(U)]：11　　　//鼠标沿垂直方向向上，输入直线长度

指定下一点或 [闭合(C)/放弃(U)]：　　　//连接第一条直线的上端点

命令：_line

指定第一点：_from（捕捉自）基点：　　　//拾取第一条直线的上端点

<偏移>：@10，-11　　　//输入两点的偏移距离

指定下一点或 [放弃(U)]：　　　//拾取长度为 11 的直线的下端点

指定下一点或 [放弃(U)]：（按【Enter】键）//结束此命令

命令：_line 指定第一点：　　　//拾取偏移产生的直线的左端点

指定下一点或 [放弃(U)]：63　　　//沿垂直方向移动鼠标，输入直线距离

指定下一点或 [放弃(U)]：10　　　//捕捉与水平方向成 30°角直线的右端点，沿垂直
　　　　　　　　　　　　　　　　　　方向向上追踪 10 的距离

指定下一点或 [闭合(C)/放弃(U)]：（按【Enter】键）//结束此操作

命令：_line 指定第一点：5　　　//从点 A 捕捉距离为 5，垂直向下追踪

指定下一点或 [放弃(U)]：58　　　//从点 B 捕捉距离为 58，垂直向上追踪

指定下一点或 [放弃(U)]：（按【Enter】键）//结束此命令

命令：_mirror（镜像）

选择对象：指定对角点：找到 9 个　　　//选择进行镜像操作的对象

选择对象：（选择结束）

指定镜像线的第一点：指定镜像线的第二点：　//将对象捕捉的中点选中，拾取长度为 817 直线的
　　　　　　　　　　　　　　　　　　　　水平中线为镜像线

是否删除源对象？[是(Y)/否(N)] <N>：（按【Enter】键）//完成镜像操作，如图 20-6 所示

调用直线命令，完成其他应该连接的直线，利用对象追踪，继续完成中间部分的绘制。下面进行平面图右半部分的绘制，具体步骤如下：

命令：_line 指定第一点：　　　//拾取中心线与捕捉线的交点

指定下一点或 [放弃(U)]：390　　　//沿垂直方向向上移动鼠标，输入直线距离，如图 20-7 所示

指定下一点或 [放弃(U)]：80　　　//沿水平方向向左移动鼠标，输入直线距离

指定下一点或 [放弃(U)]：（按【Enter】键）

命令：_offset

当前设置：删除源=否　图层=源　OFFSETGAPTYPE=0

指定偏移距离或 [通过(T)/删除(E)/图层(L)] <20.0000>：10
　　　　　　　　　　　　　　//选择长度为 80 的水平直线

指定要偏移的那一侧上的点，或 [退出(E)/多个(M)/放弃(U)] <退出>：
　　　　　　　　　　　　　　//鼠标沿垂直方向向下移动

选择要偏移的对象，或 [退出(E)/放弃(U)] <退出>：（按【Enter】键）
　　　　　　　　　　　　　　//结束偏移命令

命令：_line 指定第一点：
　　　　　　　　　　　　　　//拾取偏移后的直线的中点

指定下一点或 [放弃(U)]：　　　//沿垂直方向向下移动鼠标，拾取与中心线的交点

命令：_offset

当前设置：删除源=否　图层=源　OFFSETGAPTYPE=0

指定偏移距离或 [通过(T)/删除(E)/图层(L)] <20.0000>：28

选择要偏移的对象，或 [退出(E)/放弃(U)] <退出>：　　//拾取长度为 2 580 的直线

指定要偏移的那一侧上的点，或 [退出(E)/多个(M)/放弃(U)] <退出>：
　　　　　　　　　　　　　　　　//沿垂直方向向下偏移

选择要偏移的对象，或 [退出(E)/放弃(U)] <退出>：（按【Enter】键）
　　　　　　　　　　　　　　　　//结束偏移命令

利用修剪命令，剪去多余的线条

命令：_line 指定第一点：　　　　　　　　　　//通过对象追踪，找到护坡里侧对应的交点
指定下一点或 [放弃(U)]：373　　　　　　　　//输入护坡水平长度
命令：_line 指定第一点：　　　　　　　　　　//拾取护坡里侧的点
指定下一点或 [放弃(U)]：305　　　　　　　　//沿垂直方向向下移动鼠标，输入直线长度
指定下一点或 [放弃(U)]：(按【Enter】键)　//结束此命令。然后开始绘制圆弧
命令：_arc（圆弧）指定圆弧的起点或 [圆心(C)]：
　　　　　　　　　　　　　　　　　　　　　　//指定长度为373的直线的右端点为圆弧起点
指定圆弧的第二个点或 [圆心(C)/端点(E)]：e
指定圆弧的端点：　　　　　　　　　　　　　　//指定长度为305的直线的下端点为圆弧端点
指定圆弧的圆心或 [角度(A)/方向(D)/半径(R)]：a 指定包含角：45
　　　　　　　　　　　　　　　　　　　　　　//指定圆弧包含角度为45°

命令：_offset
当前设置：删除源=否　图层=源　OFFSETGAPTYPE=0
指定偏移距离或 [通过(T)/删除(E)/图层(L)] <20.0000>：20
选择要偏移的对象，或 [退出(E)/放弃(U)] <退出>：　//拾取绘制完成的圆弧
指定要偏移的那一侧上的点，或 [退出(E)/多个(M)/放弃(U)] <退出>：
　　　　　　　　　　　　　　　　　　　　　　//向原有圆弧的内侧偏移，创建同心圆弧
选择要偏移的对象，或 [退出(E)/放弃(U)] <退出>：(按【Enter】键)
　　//结束偏移圆弧的命令。接着绘制对称的另外半面的圆弧，同时结合3—3剖面图中的尺寸
命令：_line 指定第一点：　　　　　　　　　　//通过对象追踪，找到护坡里侧对应的交点
指定下一点或 [放弃(U)]：373　　　　　　　　//输入护坡水平长度
命令：_line 指定第一点：　　　　　　　　　　//拾取护坡里侧的点
指定下一点或 [放弃(U)]：255　　　　　　　　//沿垂直方向向上移动鼠标，输入直线长度
指定下一点或 [放弃(U)]：(按【Enter】键)　//结束此命令。然后开始绘制圆弧
命令：_arc（圆弧）指定圆弧的起点或 [圆心(C)]：
　　　　　　　　　　　　　　　　　　　　　　//指定长度为373的直线的右端点为圆弧起点
指定圆弧的第二个点或 [圆心(C)/端点(E)]：e
指定圆弧的端点：　　　　　　　　　　　　　　//指定长度为305的直线的下端点为圆弧端点
指定圆弧的圆心或 [角度(A)/方向(D)/半径(R)]：a 指定包含角：45
　　　　　　　　　　　　　　　　　　　　　　//指定圆弧包含角度为45°

绘制方法同上半面图。

图 20-6　追踪的结果（1）

图 20-7　追踪的结果（2）

　　将当前图层切换到"尺寸线"层，单击"注释"工具栏中的"标注样式"按钮 ，弹出"标注样式管理器"对话框，修改标注样式 ISO-25，尺寸界线超出尺寸线 10、起点偏移量 5，箭头样式"倾斜" 、箭头大小为 20，文字高度为 30、从尺寸线上偏移 5。将图层切换到"尺寸线"

层，按照当前设置对图形进行尺寸标注。

3. 练习

绘制 26 m 路基标注横断面图、盖板明涵涵身构造图、盖板暗涵洞口构造图、盖板涵盖板钢筋构造图，读者可根据上述图形的绘制方法自行绘制。

参 考 文 献

[1] 徐红，廖敏. AutoCAD 辅助工程绘图实验教程[M]. 成都：西南交通大学出版社，2003.

[2] 焦永和. 工程制图基础[M]. 北京：中央广播电视大学出版社，2002.

[3] 杜文杰，胡建生. 中高级制图员土建类考试指导[M]. 北京：化学工业出版社，2007.

[4] 朱宏，王振成. AutoCAD 2004 计算机辅助设计[M]. 北京：中国计划出版社，2007.

[5] 陈超，高鹏. AutoCAD 2007 中文版建筑设计范例导航[M]. 北京：清华大学出版社，2006.

[6] 白朝勤，李婷婷，周斯翔，等. 中文版 AutoCAD 2009 建筑设计标准教程[M]. 北京：中国铁道出版社，2010.

[7] 卓越科技. AutoCAD 2009 建筑与室内设计入门、进阶与提高[M]. 北京：电子工业出版社，2010.

[8] 史宇宏. 中文版 AutoCAD 2009 从入门到精通[M]. 北京：科学出版社，2009.

[9] 于先军，何杰，刘长飞，等. AutoCAD 2009 中文版城市规划与设计[M]. 北京：清华大学出版社，2009.

[10] CAD 辅助设计教育研究室. 中文版 AutoCAD 2014 实用教程[M]. 北京：人民邮电出版社，2015